"十四五"时期国家重点出版物出版专项规划项目

电化学科学与工程技术丛书 总主编 孙世刚

离子交换膜燃料电池

邢 巍 刘长鹏 葛君杰 著

科 学 出 版 社

北 京

内 容 简 介

本书聚焦于离子交换膜燃料电池,内容从电催化基本概念、过程和电化学测量等基础理论部分,到对燃料电池的电催化剂的设计制备和构效关系研究,从氢气、氧气及有机小分子的电催化机理,到酸性、碱性氢氧燃料电池等的电催化应用,在紧紧围绕前沿研究方向的同时,也重点关注了反应器控制和电堆中性能的高效表达,并对离子交换膜燃料电池未来的研究方向进行了讨论。

本书既适合对电催化、能源化学、催化化学、材料科学等学科有兴趣的广大高校与科研机构读者,或者以相关课题为研究方向的研究生阅读,也适合从事燃料电池及相关领域科学研究和技术研发的科技工作者参考。

图书在版编目(CIP)数据

离子交换膜燃料电池 / 邢巍,刘长鹏,葛君杰著. —北京:科学出版社,2023.7

(电化学科学与工程技术丛书 / 孙世刚总主编)

"十四五"时期国家重点出版物出版专项规划项目

ISBN 978-7-03-075750-0

Ⅰ. ①离… Ⅱ. ①邢… ②刘… ③葛… Ⅲ. ①离子交换膜燃料电池—研究 Ⅳ. ①TM911.48

中国国家版本馆 CIP 数据核字(2023)第 102049 号

责任编辑:李明楠 孙静惠 / 责任校对:杜子昂
责任印制:吴兆东 / 封面设计:蓝正设计

科学出版社 出版

北京东黄城根北街 16 号
邮政编码:100717
http://www.sciencep.com

北京建宏印刷有限公司印刷
科学出版社发行 各地新华书店经销

*

2023 年 7 月第 一 版 开本:720×1000 1/16
2024 年 5 月第三次印刷 印张:10 1/2
字数:211 000

定价:128.00 元

(如有印装质量问题,我社负责调换)

丛书编委会

总 主 编：孙世刚

副总主编：田中群　万立骏　陈　军　赵天寿　李景虹

编　　委：（按姓氏汉语拼音排序）

陈　军　李景虹　林海波　孙世刚

田中群　万立骏　夏兴华　夏永姚

邢　巍　詹东平　张新波　赵天寿

庄　林

丛 书 序

电化学是研究电能与化学能以及电能与物质之间相互转化及其规律的学科。电化学既是基础学科又是工程技术学科。电化学在新能源、新材料、先进制造、环境保护和生物医学技术等方面具有独到的优势，已广泛应用于化工、冶金、机械、电子、航空、航天、轻工、仪器仪表等众多工程技术领域。随着社会和经济的不断发展，能源资源短缺和环境污染问题日益突出，对电化学解决重大科学与工程技术问题的需求愈来愈迫切，特别是实现我国 2030 年"碳达峰"和 2060 年"碳中和"的目标更是要求电化学学科做出积极的贡献。

与国际电化学学科同步，近年来我国电化学也处于一个新的黄金时期，得到了快速发展。一方面电化学的研究体系和研究深度不断拓展，另一方面与能源科学、生命科学、环境科学、材料科学、信息科学、物理科学、工程科学等诸多学科的交叉不断加深，从而推动了电化学研究方法不断创新和电化学基础理论研究日趋深入。

电化学能源包含一次能源（一次电池、直接燃料电池等）和二次能源（二次电池、氢燃料电池等）。电化学能量转换[从燃料（氢气、甲醇、乙醇等分子或化合物）的化学能到电能，或者从电能到分子或化合物中的化学能]不受热力学卡诺循环的限制，电化学能量储存（把电能储存在电池、超级电容器、燃料分子中）方便灵活。电化学能源形式不仅可以是一种大规模的能源系统，同时也可以是易于携带的能源装置，因此在移动电器、信息通信、交通运输、电力系统、航空航天、武器装备等与日常生活密切相关的领域和国防领域中得到了广泛的应用。尤其在化石能源日趋减少、环境污染日益严重的今天，电化学能源以其高效率、无污染的特点，在化石能源优化清洁利用、可再生能源开发、电动交通、节能减排等人类社会可持续发展的重大领域中发挥着越来越重要的作用。

当前，先进制造和工业的国际竞争日趋激烈。电化学在生物技术、环境治理、材料（有机分子）绿色合成、材料的腐蚀和防护等工业中的重要作用愈发突出，特别是在微纳加工和高端电子制造等新兴工业中不可或缺。电子信息产业微型化过程的核心是集成电路（芯片）制造，电子电镀是其中的关键技术之一。电子电镀通过电化学还原金属离子制备功能性镀层实现电子产品的制造。包括导电性镀层、钎焊性镀层、信息载体镀层、电磁屏蔽镀层、电子功能性镀层、电子构件防护性镀层及其他电子功能性镀层等。电子电镀是目前唯一能够实现纳米级电子逻辑互连和微纳结构制造加工成形的技术方法，在芯片制造（大马士革金属互连）、微纳机电系统（MEMS）加工、器件封装和集成等高端电子制造中发挥重要作用。

近年来，我国在电化学基础理论、电化学能量转换与储存、生物和环境电化学、电化学微纳加工、高端电子制造电子电镀、电化学绿色合成、腐蚀和防护电化学以及电化学工业各个领域取得了一批优秀的科技创新成果，其中不乏引领性重大科技成就。为了系统展示我国电化学科技工作者的优秀研究成果，彰显我国科学家的整体科研实力，同时阐述学科发展前沿，科学出版社组织出版了"电化学科学与工程技术"丛书。丛书旨在进一步提升我国电化学领域的国际影响力，并使更多的年轻研究人员获取系统完整的知识，从而推动我国电化学科学和工程技术的深入发展。

"电化学科学与工程技术"丛书由我国活跃在科研第一线的中国科学院院士、国家杰出青年科学基金获得者、教育部高层次人才、国家"万人计划"领军人才和相关学科领域的学术带头人等中青年科学家撰写。全套丛书涵盖电化学基础理论、电化学能量转换与储存、工业和应用电化学三个部分，由 17 个分册组成。各个分册都凝聚了主编和著作者们在电化学相关领域的深厚科学研究积累和精心组织撰写的辛勤劳动结晶。因此，这套丛书的出版将对推动我国电化学学科的进一步深入发展起到积极作用，同时为电化学和相关学科的科技工作者开展进一步的深入科学研究和科技创新提供知识体系支撑，以及为相关专业师生们的学习提供重要参考。

这套丛书得以出版，首先感谢丛书编委会的鼎力支持和对各个分册主题的精心筛选，感谢各个分册的主编和著作者们的精心组织和撰写；丛书的出版被列入"十四五"时期国家重点出版物出版专项规划项目，部分分册得到了国家科学技术学术著作出版基金的资助，这是丛书编委会的上层设计和科学出版社积极推进执行共同努力的成果，在此感谢科学出版社的大力支持。

如前所述，电化学是当前发展最快的学科之一，与各个学科特别是新兴学科的交叉日益广泛深入，突破性研究成果和科技创新发明不断涌现。虽然这套丛书包含了电化学的重要内容和主要进展，但难免仍然存在疏漏之处，若读者不吝予以指正，将不胜感激。

孙世刚

2022 年夏于厦门大学芙蓉园

前　言

在深入探讨燃料电池中的关键科学问题之前，作为一个索引，引导读者进入本书的学习。从方法论的角度来看，首先读者对离子交换膜燃料电池要有一个直观的感知：了解什么是离子交换膜燃料电池，它们如何工作，以及为什么要发展这类燃料电池。由此为起点，后续将带领读者继续深入学习，进行更深层次的了解。

能源是社会文明和经济进步的基础，其利用形式的多样化、创新化是提高社会生产力的强大动力。我国将具有多样性和均衡性特征的能源资源视作国家安全的重要组成部分。对此，本领域工作者应当将能源高效利用体系的建设工作置于首位，自觉服务于新发展格局的新需求。其中，以氢能为代表的新能源转换体系是能源体系建设中的重大机遇和挑战，也是能源与环境科学研究的重点和难点。氢能转换体系的构建强调完整的、中立的、自上而下的设计，要求统筹好目前已具备的条件及未来可拓展的资源，助力"双碳"目标达成。

燃料电池是氢能转换体系的核心技术[①]。这项技术因其灵活性、可行性和快速启动而备受关注，并几乎已在所有可想象的应用中得到证明。燃料电池具有高效能、低噪声、零污染的优点，不仅可为固定和移动设备供电，在多种常规应用场景下都可取代传统内燃机。同时，随着小微型分布式电网的发展和普及，燃料电池还可满足大型固定式电站、家庭微型电网等特殊场所或特殊设备的供电需求。燃料电池的历史可追溯至 19 世纪 30 年代，其开创性工作由英国科学家 Sir William Robert Grove 和德国科学家 Christian Friedrich Schöenbein 分别独立开展。Schöenbein 和 Grove 分别于 1839 年 1 月和 1839 年 2 月独立发表了各自在燃料电池方面的研究成果。目前学术界一般认为 Grove 在 1839 年发明了第一个燃料电池[②]，而 Schöenbein 于 1838 年最早进行了燃料电池原理的研究[③]，两者均

---

① 衣宝廉，俞红梅，侯中军. 氢能利用关键技术系列——氢燃料电池[M]. 北京：化学工业出版社，2021.

② Grove W R. XXIV. On voltaic series and the combination of gases by platinum[J]. The London, Edinburgh, and Dublin Philosophical Magazine and Journal of Science. 1839，14（86-87）：127-130.

③ Schöenbein C F. X. On the voltaic polarization of certain solid and fluid substances[J]. The London, Edinburgh, and Dublin Philosophical Magazine and Journal of Science. 1839，14（85）：43-45.

对燃料电池的原创起了重要作用[1][2]。后燃料电池发展出多种不同的种类，包括碱性燃料电池（AFC）、熔融碳酸盐燃料电池（MCFC）、固体氧化物燃料电池（SOFC）和离子交换膜燃料电池（PEMFC，也称质子交换膜燃料电池）。从商业应用上来看，熔融碳酸盐燃料电池、离子交换膜燃料电池和固体氧化物燃料电池是最主要的三种技术路线。其中，离子交换膜燃料电池由于工作温度低、启动快、比功率高等优点，非常适合应用于交通和固定式电源领域，逐步成为现阶段国内外主流应用技术。固体氧化物燃料电池具有燃料适应性广、能量转换效率高、全固态、模块化组装、零污染等优点，常用在大型集中供电、中型分电和小型家用热电联供领域作为固定电站。中国主要集中在离子交换膜燃料电池和固体氧化物燃料电池领域开展研发和产业化。其中，离子交换膜燃料电池已被公认为新能源电动汽车电源的最优选项之一。

　　离子交换膜燃料电池采用可传导离子的导电聚合物膜作为电解质，因而有时也被称为聚合物电解质燃料电池（PEFC）、固体聚合物燃料电池（SPFC）或者膜燃料电池。在早期（20 世纪 60 年代），它们也曾被称为固体聚合物电解质燃料电池（SPEFC）。离子交换膜燃料电池实际上是一个集成的发电系统，需要有燃料供应系统、氧化剂系统、发电系统、水管理系统、热管理系统、电力系统以及控制系统等。电池结构的核心是一种聚合物膜，它具有一些独特的能力：不渗透气体，但可传导离子。作为电解质的膜被挤压在两个多孔导电电极之间，这些电极通常由碳布或碳纤维纸制成。多孔电极和聚合物膜之间是催化层，通常由碳负载的铂颗粒组成。图 1 展示了基本电池配置。

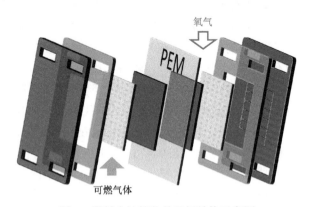

图 1　燃料电池简化的平板结构示意图

① Kunze-Liebhäuser J，Paschos O，Pethaiah S S，et al. Fuel cell comparison to alternate technologies[M]//Lipman T E，Weber A Z. Fuel Cells and Hydrogen Production：A Volume in the Encyclopedia of Sustainability Science and Technology. Second Edition. New York：Springer New York，2019：11-25.

② Kreuer K D. Section preface[M]//Paddison S J，Promislow K S. Device and Materials Modeling in PEM Fuel Cells. New York：Springer New York，2009：341-347.

在服役状态下，离子交换膜燃料电池的作用类似于厂房：作为原材料的燃料输送进来，产生电能（相当于产品）输送出去。这是燃料电池与传统电池的本质区别。虽然二者都依赖于基本的电化学反应原理，但是燃料电池在工作状态下并不被消耗，而是类似于加工燃料产生电能的"工厂"。虽然同作为能量转换工厂，燃料电池与内燃机也有明显区别，就以一个简单的反应来解释二者的不同：

$$H_2 + \frac{1}{2}O_2 \rightleftharpoons H_2O$$

在传统的内燃机中，燃料通过氢气和氧气的燃烧反应释放热。从原子水平上观测，反应过程中，氢气分子中的氢-氢键和氧气分子中的氧-氧键断裂，氢-氧键形成。这些原子键的破坏与重组是通过分子间电子的传输实现的。产物水中原子键的结合能低于初始反应物氢气和氧气中原子键的结合能，存在能量差，根据能量守恒定律，能量差会释放到外界。该燃烧反应始态与终态的能量差是电子由一种键合状态变为另一种键合状态的重构过程产生的，由于该重构仅在亚原子尺度和皮秒尺度发生，因此该能量只能以热能的方式获得。为了获得电能，热能必须转换为机械能，再由机械能转换为电能，执行这些步骤不可避免会受到卡诺循环的限制，大部分能量会因此而损失掉，这一重构过程是复杂且低效率的。

氢燃料电池是电化学的发电装置，在工作的过程中同样需要处理这个反应，但其是以一种极其巧妙的、等温的电化学方式，直接将化学能转换为电能。在燃料电池中，氢气和氧气在物理空间上被离子交换膜隔开，完成化学键重构所必需的电子转移能够在更长程的空间量级发生，并且通过外电路连通，便形成了电流。由此，化学变化不必再经过热机过程，也不必受卡诺循环限制，极大避免了能量损失。目前氢燃料电池系统的燃料化学能-电能转换效率轻松可达60%，而传统火力发电和核电的效率为30%～40%。

离子交换膜燃料电池中的电化学反应发生在催化剂表面和电解质膜之间的界面处。正如以上所述反应过程，燃料氢气和氧气从空间上被分隔，总反应可分解为两个半电池反应：

$$H_2 \rightleftharpoons 2H^+ + 2e^-$$

$$\frac{1}{2}O_2 + 2H^+ + 2e^- \rightleftharpoons H_2O$$

在膜的一侧供给的氢气分裂成质子和电子，每个氢原子由一个电子和一个质子组成。质子穿过膜，而电子穿过多孔导电电极和外电路，它们在对应的位置做功并传导到膜的另一侧。在膜和另一个多孔导电电极之间的催化层中，它们与穿过膜的质子和从膜的另一侧供给的氧气接触并发生反应。在这个过程中，电化学反应的唯一产物水随着过量的氧气流被带出电池。膜两侧电极界面上发生的反应向外界表达出来的最终结果是通过外部电路的电子电流，即直流电流。燃料电池的氢侧为负极，称为阳极，氧侧为正极，称为阴极，电化学反应同时发生在膜的阳极和阴极。

　　单个离子交换膜燃料电池通常以串联或并联方式连接，形成一个电池堆，根据需要，它能够产生几瓦到几千瓦的功率。燃料电池堆需要许多其他组件来完成系统，这些组件通常称为系统辅件（balance of plant，BOP），由燃料电池处理部分、功率部分（围绕电堆本身的组件）以及功率调节和控制单元组成。燃料电池处理部分用于生产富含氢气的气体（并可能对气体进行脱硫），而功率调节和控制单元则用于将可变直流电转换为具有特定频率、有功功率和无功功率的受控交流电。功率调节和控制单元还作为反馈来控制燃料流向电池堆。

　　离子交换膜燃料电池的性能可以用电流-电压特性图来表征，也就是电流-电压曲线图，具体显示为在给定电流输出下的电压输出。为了使不同的燃料电池的 i-V 曲线具有可比性，通常将电流按燃料电池的有效面积归一化，即用电流密度来表示。在燃料电池中，实际的输出电压比理想的热动力学估算的电压数值要小。此外，燃料电池的功率 $P = i \times V$，归一化后的功率密度曲线可从 i-V 曲线中获取，即每一点的电压值乘以相对应的电流密度值即可得到功率密度曲线。

　　在工况条件下，离子交换膜燃料电池的功率密度随着电流密度的增加而增加，当燃料电池的功率密度达到峰值后，随即随着电流密度的增加开始下降。这是由于电池的输出电流越大，电压输出就越低，从而限制了向外界表达的总功率。燃料电池功率密度值一般设计成功率密度峰值或低一些的值。在低于功率密度峰值处的电流密度处，电压效率提高，而功率密度降低。在高于功率密度峰值处的电流密度处，电压效率和功率密度都降低。一般来说，燃料电池输出的电流越多，损耗也越大，具体又包括三种主要的燃料电池损耗，它们决定了燃料电池 i-V 曲线的特征形状，即：活化损耗、欧姆极化、传质极化[①]。其中，活化损耗表示的是由反应动力学引起的活化损耗；欧姆极化是离子和电子传导引起的；传质极化表示的是由传质阻力引起的浓度损耗。这三种损耗共同作用，构成了燃料电池 i-V 曲线的特征。其中，活化损耗主要影响 i-V 曲线的初始部分，欧姆极化主要体现在曲线的中间部分，传质极化在高电流密度区域体现得较为明显。

　　极化曲线是燃料电池最重要的特性。它取决于多种因素，如催化剂负载、膜厚度和水合状态、催化剂层结构、流场设计、操作条件（反应气体的温度、压力、湿度、流速和浓度）以及各区域的均匀性。通常，在大气压下运行的燃料电池在 0.6 V 下应产生大于 0.6 A·cm^{-2} 的电流密度，在加压（300 kPa 或更高）下运行时应在 0.6 V 下产生大于 1 A·cm^{-2} 的电流密度。典型的工作温度在 60℃到 80℃之间，

---

① 侯明，邵志刚，衣宝廉. 车用燃料电池电堆比功率提升的技术途径探讨[J]. 中国工程科学，2019. 21（3）：84-91.

尽管用于便携式电源的小型燃料电池通常设计为在较低温度下工作，而较大的汽车燃料电池应优选在较高温度下工作。

全球日益增长的能源消耗以及化石燃料使用造成的环境污染问题，推动了全球可再生和环保能源的发展。以产氢、储氢、用氢为核心的氢能被广泛认为是未来能源的重要解决方案。在这种背景下，离子交换膜燃料电池可凸显其优势。从结构组成来看，离子交换膜燃料电池是典型的全固态机械结构，无可移动组件，本征上具备高可靠性和长寿命性，服役状态下无部件发生移动，也就不会产生噪声污染。从反应历程来看，反应物与产物十分简单，不产生污染环境的 NO_x、SO_x 和易吸入人体的微粒，因此非常绿色环保。此外，不同于普通电池，离子交换膜燃料电池允许功率缩放（由燃料电池的尺寸决定）和容量缩放（由燃料储存器尺寸决定）。普通电池中，功率和容量是互相关联的，很难将尺寸做到大型。而离子交换膜燃料电池的特点决定了其可以很容易地从瓦级（小型便携设备）做到兆瓦级（供能源工厂使用）。相较于普通电池要么不可重复利用，要么靠插件费时地充电的弊端，离子交换膜燃料电池可提供更高的能量密度，并可通过快速补充燃料实现快速充电。这一电池技术是实现低碳运输的关键，利用可再生能源氢与氧反应产生的电能，温室气体排放有望减少到零。燃料电池装置有助于实现氢能的移动化、轻量化和大规模普及化，可广泛应用在交通、工业、建筑、军事等场景。未来，随着数字化技术的不断深入，无人驾驶、互联网数据中心、军事装备等领域将极大丰富燃料电池的应用场景。

随着离子交换膜燃料电池技术的不断成熟，相关产品已逐步进入商业化应用阶段：①在交通领域逐步应用于汽车、船舶、轨道交通，可降低能源对外依存度以及化石能源污染物和碳的排放；②在固定式发电领域可以作为建筑热电联供电源、微网的可靠电源与移动基站的备用电源；③燃料电池还能够与数字化技术相结合，在无人驾驶、军用单兵装备、深海装备等诸多领域发挥重要作用。在国家一系列重大项目的支持下，离子交换膜燃料电池技术取得了一定的进展，初步掌握了燃料电池电堆与关键材料、动力系统与核心部件、整车集成等核心技术。部分关键技术实验室水平已接近国际先进水平，但工程化、产业化水平滞后，总体技术水平落后于日本、韩国等国家。具体来说，离子交换膜燃料电池随着终端应用的逐步推广，膜电极、双极板、离子交换膜等已具有国产化的能力，但生产规模较小；电堆产业发展较好，但辅助系统关键零部件产业发展较为落后；系统及整车产业发展较好，配套厂家较多且生产规模较大，但大多采用国外进口零部件，对外依赖度高。固体氧化物燃料电池电堆整体技术水平与国际先进水平存在较大差距。国内自主生产的单电池及电堆峰值功率密度低于国际领先水平，电堆发电效率低于国际领先水平，且尚未开展数千小时级别的寿命测试。整体发电系统集成技术方面，国内初步集成了 10 千瓦级整体发电系统，但是在性能、衰减率等指标上与国际领先水平还存在较大差距。

作为两种低碳交通方式，燃料电池汽车和纯电动汽车经常被拿来比较。电池是能量存储装置，而燃料电池是能量转换装置，燃料电池通常使用氢进行能量存储，以氢作为存储介质相对于锂离子电池具有固有的优势，燃料电池具有更高的能量密度和更短的补充燃料时间，并且在 $0℃$ 以下的低温条件下，燃料电池的性能也优于锂离子电池，燃料电池能够表现出更高的放电容量。目前燃料电池汽车的成本在短程运输（低于 322 km）时高于纯电动汽车，而在长途运输时（超过 483 km）低于纯电动汽车。另外，燃料电池汽车的能量转换效率低于纯电动汽车，而且氢气基础设施仍处于初级阶段。基于技术特点上的差异，人们普遍认为燃料电池更适合重型长途运输以及其他商用车辆，锂离子电池更适合轻型和短途运输。近二十年来，随着锂离子电池技术的快速发展，并能和已有的电网很好结合，电动车市场实现了大规模扩张。离子交换膜是燃料电池汽车的核心部件，离子交换膜的性能、成本和耐久性对燃料电池汽车的大规模商业化有很大影响，需要不断改进和优化。此外，提高功率密度对燃料电池的发展至关重要。第二代 MIRAI（丰田燃料电池汽车）电堆的功率密度达到 4.4 kW/L（带端板）和 5.4 kW/L（不带端板），相较于一代分别增加了 42% 和 54%。日本新能源和产业技术开发组织称，2030 年和 2040 年目标电堆功率密度分别为 6.0 kW/L 和 9.0 kW/L。欧盟发布的燃料电池（带端板）电堆功率密度能达到 5.38 kW/L，目标是 2024 年达到 9.3 kW/L。目前，中国已经基本掌握了车用燃料电池核心技术，具备进行大规模示范运行的条件，尽管燃料电池车在动力性能、综合效率、电堆功率以及耐久性等基本性能指标方面与国际水平仍有不小的差距，但整体水平已逐步与国际水平接轨。大功率、长续航商用车最适合使用燃料电池作为动力系统，在使用环节初步与燃油车具备竞争性。

目前，燃料电池车、电动车和燃油车产业分别处于导入期、成长期和成熟期，制造成本方面燃料电池车最高，使用成本方面燃料电池车在个别场景下已初步具有经济性。就乘用车而言，燃料电池乘用车考虑政府补贴后的成本可与中高端纯锂电汽车相当，按照市区工况百公里电耗 15～18 kWh 和油耗 6～10 L 汽油测算，燃料电池车用氢成本需控制在 30 元/kg 和 45 元/kg 方具有竞争力。就商用车而言，载重 3 t 的燃油物流车制造成本约在 11 万元，同级别纯锂电物流车成本约在 20 万元，按照市区工况百公里油耗 13.8 L、电耗 40～60 kWh 和氢耗 2 kg 计算，使用成本分别为 100 元、75 元和 104 元。在考虑国家和地方补贴的情况下，燃料电池车相对燃油车整体的经济性已经显现。未来，随着氢能及燃料电池技术自主化和规模产业化，用氢成本和制造成本将迅速下降，全生命周期的成本优势将持续扩大。

未来，氢能及燃料电池技术与数字化创新产业相结合将可加速推进全球能源结构转型，尤其随着无人机、互联网数据中心以及自动驾驶出租车等领域的快速发展，氢能的市场空间将进一步扩大。国内已逐步开展燃料电池无人机的设计和试飞工作，但大规模商业化应用还需要进一步突破储氢密度和能源控制瓶颈。信息化条件下的高技术战争需要充足的能源供应。燃料电池具备能量转换效率高、系统反应快、运行可靠性强、维护方便、噪声很低、散热量和红外辐射较少等"先天优势"，有望使其在军用单兵装备、舰艇、潜艇、航天器及后勤保障领域获得广泛应用，并提升武器装备性能，成为信息化战场的"能量源"。

虽然离子交换膜燃料电池技术具备许多优点，但目前的发展与应用的瓶颈不可被忽视。首要的问题是使用成本偏高，目前商业电动汽车燃料电池的催化层主要由商业铂颗粒催化剂喷涂而成，贵金属的低储量决定了高流通价格。正是由于成本的限制，目前离子交换膜燃料电池只在特定的应用场景中具有竞争力。此外，电池的功率密度亟须进一步提升。功率密度指一个燃料电池单位体积（用体积功率密度表示）或者单位质量（用质量功率密度表示）所产生的功率。虽然过去几十年离子交换膜燃料电池的功率密度已经有了显著提升，但是若希望其在便携电子领域和汽车领域具有竞争力，功率密度还需要进一步提高。内燃机和普通电池在体积功率密度上通常胜过燃料电池，而在质量功率密度上这些装置非常接近。燃料的可用性以及存储技术带来了更大的难题。燃料电池以氢气为燃料时工作性能最佳，但氢气并非随处可得，且体积能量密度很低，并且难以储存。其他替代燃料（如汽油、甲醇和甲酸）很难直接利用，通常需要重整。这些问题均会限制燃料电池的应用，增加对辅助技术的要求。离子交换膜燃料电池的其他局限性还包括对燃料纯度的敏感性、启停循环操作中的耐久性以及工作温度的兼容性，以上的局限性在后续的研发及推广中应该予以着重考虑。

本书是中国科学院长春应用化学研究所先进化学电源实验室在上述大部分领域进行多年工作的认知与积累。第1章介绍离子交换膜燃料电池的电催化基础，涉及基本概念、基本过程和电化学测量；第2章和第3章从微观层面研究燃料电池阳极侧反应，还概述了该领域当前进展；第4章介绍燃料电池阴极侧的氧还原反应；第5章关注的重点是反应器控制和电堆中性能的高效表达；第6章讨论离子交换膜燃料电池未来的研究方向。

参与本书资料收集与整理的人员有：朱思远、赵拓（前言），施兆平、徐明俊（第1章），李阳、韩东琛（第2章），王显、邢娇娇（第3章），杨莉婷、楚宇逸、杨源博（第4章），金钊、刘世伟、王意波（第5章），刘杰、杨小龙（第6章），高南星（整理汇总）。

由于作者的水平和时间有限，本书难免存在不足之处，敬请读者不吝指正，在此致以诚挚感谢。

作　者
2023年5月

目　　录

第1章　离子交换膜燃料电池的电催化基础

1.1　电催化基本概念

1.1.1　电催化反应热力学

1.1.1.1　基础热力学基本概念及公式

　　热力学主要是从能量转换的观点来研究物质的热性质，它揭示了能量从一种形式转换为另一种形式时遵从的宏观规律，总结了物质的宏观现象而得到热力学理论。热力学并不追究由大量微观粒子组成的物质的微观结构，而只关心系统在整体上表现出来的热现象及其变化发展所必须遵循的基本规律。它满足于用少数几个能直接感受和可观测的宏观状态量（如温度、压力、体积、浓度等）描述和确定系统所处的状态。通过对实践中热现象的大量观测和实验发现，宏观状态量之间是有联系的，它们的变化是互相制约的。

　　热力学在系统平衡态概念的基础上，定义了描述系统状态所必需的三个态函数：热力学温度 T、内能 U 和熵 S。热力学第零定律给出了温度 T 的定义；热力学第一定律给出了能量守恒的关系；热力学第二定律给出了熵增原理；热力学第三定律告诉人们 $0\,\mathrm{K}$ 无法达到。

　　并给出以下基本公式：

$$\Delta U = Q - W \quad \mathrm{d}S \geqslant \frac{\delta Q}{T} \tag{1.1}$$

经过推导可以得到以下关系式：

$$\mathrm{d}U = T\mathrm{d}S - p\mathrm{d}V \tag{1.2}$$

$$\mathrm{d}H = T\mathrm{d}S + V\mathrm{d}p \tag{1.3}$$

$$\mathrm{d}A = -S\mathrm{d}T - p\mathrm{d}V \tag{1.4}$$

$$\mathrm{d}G = -S\mathrm{d}T + V\mathrm{d}p \tag{1.5}$$

其中，U 为内能；H 为焓；A 为亥姆霍兹自由能；G 为吉布斯自由能；S 为熵；T 为热力学温度；V 为体积；p 为压力。这一组关系式就称为封闭系统的热力学函数基本关系式。

1.1.1.2 电池反应可逆性及吉布斯自由能

由于热力学只严格地适用于平衡体系，所以在处理一些实际问题时，可逆性的概念十分重要。它表示一个过程能从平衡位置向两个方向中任意方向移动，当施加一个无限小的反向驱动力时，就可以使一个平衡过程反向进行。

对于一个反应采用如下三种方法进行：

（1）在一定温度下在量热器中直接进行，所释放热量为化学反应焓变 ΔH。

（2）将该反应构造成一个电池，并通过一个电阻 R 进行放电，假设反应程度足够小，所有组分基本不变，热量可以从电池电阻中释放出来，为化学反应焓变 ΔH，与电池电阻 R 无关。

（3）将电池与电阻放在不同量热器当中，再次重复实验，将电池热量变化定义为 Q_C，电阻的热量变化定义为 Q_R，则有 $Q_C + Q_R = \Delta H$，与电阻 R 无关。然而，随着电阻 R 增大，Q_C 减少而 Q_R 增加，当 R 趋近于无限大时，$Q_C = T\Delta S$，$Q_R = \Delta G$。$-\Delta G$ 即为从电池中可获得的最大净功。

1.1.1.3 电池电动势

如果采用一个无限大的电阻使电化学电池放电，并且放电过程是可逆的，其电势差恒定不变，为平衡值（开路电势）。由于反应进程足够小，并且所有组分的活度都保持不变，所以其电势差也保持不变。对于消耗在电阻 R 上的能量，则有

$$\Delta G = -nFE \tag{1.6}$$

其中，n 为每个反应物反应时所通过电路的电子数（或每摩尔反应时的摩尔数）；F 为法拉第常数，约为 96485 C。

对于一个燃料电池来说，其产生的最大电能对应于吉布斯自由能，即 ΔG，那么，燃料电池的理论电势为

$$E = \frac{-\Delta G}{nF} \tag{1.7}$$

对于一个氢氧燃料电池来说，ΔG、n 和 F 都为已知量，则可计算其理论电势为

$$E = \frac{-\Delta G}{nF} = \frac{237340\,\text{J} \cdot \text{mol}^{-1}}{2 \times 96485\,\text{A} \cdot \text{s} \cdot \text{mol}^{-1}} = 1.23\,\text{V} \tag{1.8}$$

可知在 25℃ 下，氢氧燃料电池的理论电势为 1.23 V。

对于一个氧化还原反应来说，根据热力学理论，其实际的吉布斯自由能 ΔG 与标准吉布斯自由能 $\Delta G^{\ominus}$ 存在以下关系：

$$\Delta G = \Delta G^{\ominus} + RT\ln Q_{\mathrm{r}} \tag{1.9}$$

其中，Q_{r} 为反应商，再将 $\Delta G^{\ominus} = -nFE^{\ominus}$ 代入，则可以得到：

$$E_{\mathrm{rd}} = E_{\mathrm{rd}}^{\ominus} - \frac{RT}{nF}\ln Q_{\mathrm{r}} = E_{\mathrm{red}}^{\ominus} - \frac{RT}{nF}\ln\frac{\alpha_{\mathrm{rd}}}{\alpha_{\mathrm{Ox}}} \tag{1.10}$$

这就是能斯特方程，对于一个半电池反应，则为

$$E_{\mathrm{cell}} = E_{\mathrm{cell}}^{\ominus} - \frac{RT}{nF}\ln Q_{\mathrm{r}} \tag{1.11}$$

1.1.1.4　电池理论效率

任何能量转换装置的效率都可定义为有用输出能量与输入能量之比。对于燃料电池，有用输出能量是指所产生的电能，而输入能量为氢的焓。假定所有的吉布斯自由能均能转换为电能，则燃料电池的最大可能效率（理论值）为

$$\eta = \Delta G / \Delta H = 237.34 / 286.02 \times 100\% = 83\% \tag{1.12}$$

通常，氢的低热值用于表示燃料电池的效率，不仅是因为可产生一个较高的值，而且也是因为要与燃料电池的竞争对手——内燃机相比，内燃机的效率历来是用燃料的低热值来表示。在此情况下，燃料电池效率的理论最大值将为

$$\eta = \Delta G / \Delta H = 228.74 / 241.98 \times 100\% = 94.5\% \tag{1.13}$$

过程中所产生的水蒸气证明了在燃料电池里和内燃机里使用低热值的合理性，无论如何都不能采用高热值和低热值（蒸发热量）之差。尽管在表示能量转换装置的效率时，利用低热值和高热值均恰当（只要指定利用哪一种热值），但是采用低热值会造成混淆。20 世纪 90 年代，德国冷凝式锅炉制造商曾宣称其锅炉超过 100%有效，这是由于采用了燃料的低热值作为输入能量的测度。低热值不考虑产生水的冷凝热，但在这种情况下，因为是冷凝式锅炉，实际上确实利用了冷凝热。因此由于考虑了所有可用能量且与效率定义一致，在热力学上采用高热值则更为准确。

如果将上式 ΔG 和 ΔH 同除以 nF，则燃料电池的效率可定义为两个电势之比：

$$\eta = \Delta G / \Delta H = \frac{\dfrac{\Delta G}{nF}}{\dfrac{\Delta H}{nF}} = \frac{1.23\,\mathrm{V}}{1.482\,\mathrm{V}} = 0.83 \tag{1.14}$$

其中，1.23 V 为电池的理论电势；1.482 V 为对应于氢的高热值时的电势或热平衡电势。

燃料电池的效率总是与电池的电势成正比，且可用电池电势与对应于氢的高热值时的电势之比来计算，其中，对应于氢的高热值时的电势为 1.482 V，而对应于低热值时的电势为 1.254 V。

1.1.2　电催化反应动力学

1.1.2.1　基础动力学基本概念及公式

反应动力学是描述化学反应速率及不同因素对速率影响的学科。动力学描述了贯穿整个体系的物质流动的变化情况,可以定量地描述复杂的平衡过程,包括平衡状态的达到和平衡状态的动态保持这两个方面。在反应平衡时,动力学公式必须转变成热力学形式的关系式,否则动力学的描述就不准确。

对于一个基元反应:

$$A \rightleftharpoons B \tag{1.15}$$

其正反应速率 v_f 为

$$v_f = k_b C_A \tag{1.16}$$

其中, k_b 为反应速率常数; C_A 为反应物浓度。

在溶液相中大多数反应,其速率变化有着相同的模式,即 $\ln k$ 与 $1/T$ 呈线性关系,则有阿伦尼乌斯公式:

$$k = A e^{-\frac{E_a}{RT}} \tag{1.17}$$

其中, k 为温度 T 时的反应速率常数; A 为指前因子,也称为阿伦尼乌斯常数; E_a 为实验活化能,一般可视为与温度无关的常数; T 为热力学温度; R 为摩尔气体常数; e 为自然对数的底。

1.1.2.2　电极反应本质

对于一个任何动态过程的精确动力学反应,在极限平衡条件下必须遵循热力学形式的方程。对于一个电极反应来说,平衡是由能斯特方程决定的,它将电极电势与反应物的本体浓度联系起来。

电流经常全部或部分是由电极反应物传输到电极表面速率所决定,对于低电流和有效搅拌的情况,物质传递并不是决定电流的因素,它是由界面动力学所控制。则有塔费尔方程:

$$\eta = a + b\lg i \tag{1.18}$$

其中, η 为过电势; a、b 为塔费尔常数; i 为电流密度。

塔费尔方程是电化学动力学中的方程,将电化学反应的速率与过电势相关联。对于一个电化学反应:

$$O + ne^- \rightleftharpoons R \tag{1.19}$$

其有正向和逆向的反应途径，其正向反应速率为 v_f，它必须与 O 的表面浓度成正比。将距离表面 x 处和在时间 t 时的浓度表达为 $C_O(x,t)$，因此表面浓度为 $C_O(0,t)$，其反应速率常数为 k_f。

则其正向反应速率为

$$v_f = k_f C_O(0,t) = \frac{i_c}{nFA} \qquad (1.20)$$

同理，其逆反应速率为

$$v_b = k_b C_R(0,t) = \frac{i_a}{nFA} \qquad (1.21)$$

则对于整个反应有

$$i = i_c - i_a = nFA\left[k_f C_O(0,t) - k_b C_R(0,t)\right] \qquad (1.22)$$

尽管反应过程是在正向与逆向同时进行的，但在达到平衡时，静电流为 0。平衡状态下这些反应速率为交换电流密度。

1.1.2.3　Butler-Volmer 方程

由过渡态理论可知，对于一个电化学反应，其反应速率为吉布斯自由能的函数：

$$k = \frac{k_B T}{h} e^{\frac{-\Delta G}{RT}} \qquad (1.23)$$

其中，k_B 为玻尔兹曼常数；h 为普朗克常数。

电化学反应的吉布斯自由能包括化学能和电能项。对于还原反应来说：

$$\Delta G = \Delta G_{ch} - \alpha_{Rd} FE \qquad (1.24)$$

对于氧化反应：

$$\Delta G = \Delta G_{ch} - \alpha_{Ox} FE \qquad (1.25)$$

其中，ΔG_{ch} 为吉布斯自由能化学能分量；α 为转移系数；F 为法拉第常数；E 为电势。

由此，可得正向氧化反应速率常数为

$$k_f = k_{0,f} e^{\frac{-\alpha_{Rd} FE}{RT}} \qquad (1.26)$$

反向还原反应速率常数为

$$k_b = k_{0,b} e^{\frac{-\alpha_{Ox} FE}{RT}} \qquad (1.27)$$

将电流公式代入，可得电流密度为

$$i = nF\left\{ k_{0,f} C_O e^{\frac{-\alpha_{Rd} FE}{RT}} - k_{0,b} C_R e^{\frac{-\alpha_{Ox} FE}{RT}} \right\} \qquad (1.28)$$

虽然反应是从两个方向同时发生，在达到平衡电势（E_r）时，静电流为 0，那么，交换电流密度即为

$$i_o = nFk_{0,f}C_o e^{\frac{-\alpha_{Rd}FE_r}{RT}} = nFk_{0,b}C_R e^{\frac{-\alpha_{Ox}FE_r}{RT}} \qquad (1.29)$$

联系式（1.28），可得电流密度与电势之间的关系为

$$i = i_o \left\{ e^{\frac{-\alpha_{Rd}F(E-E_r)}{RT}} - e^{\frac{-\alpha_{Ox}F(E-E_r)}{RT}} \right\} \qquad (1.30)$$

这就是 Butler-Volmer 方程（B-V 方程）。在燃料电池中，阳极的平衡电势为 0 V，而阴极的平衡电势为 1.23 V。电极电势和平衡电势之差称为过电势，即产生电流的电势差。

对于燃料电池的阴阳极反应，均遵从 B-V 方程。若阳极上过电势为正，使得式中第一项较第二项值可以忽略，氧化电流为主要电流，则可以化简为

$$i_a = -i_{0,a} e^{\frac{-\alpha_{Ox,a}F(E_a-E_{r,a})}{RT}} \qquad (1.31)$$

同理，若阴极上过电势为负，则第二项可以忽略，还原电流为主要电流，则可以化简为

$$i_c = i_{0,c} e^{\frac{-\alpha_{Rd,c}F(E_c-E_{r,c})}{RT}} \qquad (1.32)$$

对于采用 Pt 催化剂的氢氧燃料电池而言，上述转换系数均为 1。

1.2　电催化基本过程

1.2.1　电催化氧气还原过程

1.2.1.1　电催化氧气还原过程概述

氧气还原是生物过程和新兴能源技术的关键组成部分。生物通过呼吸将 O_2 还原并与质子转移相结合驱动 ATP 的合成。而燃料电池和金属空气电池使用 O_2 作为电子/阳离子受体，将 O_2 还原与燃料（如 H_2）的氧化相结合，将化学能转换为电能，驱动电子设备或车辆。氧还原反应（ORR）的催化需要以高速率、高选择性和高能效进行。尽管进行了数十年的研究，但仍未发现一种快速、稳定、廉价且高效的 ORR 电催化剂。因此，ORR 仍然是化学能源研究中最大的挑战之一。

在酸性介质中，O_2 的还原可以分为二电子过程和四电子过程，即双质子与二电子（$2H^+/2e^-$）还原为过氧化氢（H_2O_2）或通过四质子与四电子（$4H^+/4e^-$）还原为水。许多催化过程涉及这两个反应竞争性或顺序性的组合。虽然这两个过程看

起来都很简单，但 H_2O_2 的形成是涉及五种底物的催化反应，催化循环 H_2O 生产涉及九种底物。对于大多数实际的能源应用，重要的是要实现 ORR 对 H_2O 的高选择性，因为 $2H^+/2e^-$ 的 ORR 过程提供的自由能要少得多。

$$O_2 + 2H^+ + 2e^- \Longleftrightarrow H_2O_2 \qquad (1.33)$$

$$O_2 + 4H^+ + 4e^- \Longleftrightarrow 2H_2O \qquad (1.34)$$

1.2.1.2　氧气还原电催化剂

目前，针对氧气还原电催化剂研究人员已经进行了大量的工作，致力于开发高效、高稳定性以及价格合适的催化剂。这些催化剂主要包括 Pt 合金、Pt 的核壳结构、过渡金属氧化物和硫属化物，以及碳基非贵金属复合催化剂。

在过去几十年中，在开发基于铂基纳米材料和非贵金属化合物/复合材料的活性更高的电催化剂方面取得了很大进展。对于前者，尺寸、组成、形态、孔隙率、表面结构、合成方法和后处理在决定其活性和稳定性方面起着重要作用。通常，Pt 基电催化剂的活性可以通过以下方式提高：①掺入适当的过渡金属以增加 Pt 原子的分散和比活性。②形成核壳结构以提高 Pt 原子的利用率并通过核的应变和配体效应改变电子特性。③将活性最高的 Pt 面暴露于表面。④通过脱合金来增加表面积和应变以创建多孔结构。总之，到目前为止，根据旋转圆盘电极（RDE）测试的评估，在形状控制的 Pt 合金和核壳结构上观察到了最高的活性。

尽管在金属氧化物、氮化物、氧氮化物、碳氮化物和硫属化物方面取得了重大进展，但它们的活性仍无法与 Pt 基材料相比。在 PEM 燃料电池阴极上 Fe/N/C 和 Co/N/C 类型的非贵金属催化剂展现出最高的活性。研究者主要关注这些催化剂在 H_2/O_2 和 H_2/Air 燃料电池中的性能以及它们在相同电池阴极的耐久性。在 H_2/O_2 燃料电池中，非贵金属催化剂的初始峰值功率密度介于 $0.05 \sim 0.98\ W \cdot cm^{-2}$ 之间，具体取决于它们的合成模式。性能最好的催化剂是使用金属和氮原子的前体以及多孔的碳载体或在热解时也将产生多孔的碳载体的碳前体。因为这些位点分布在催化剂材料的整个表面积上，这样做能够最大化增加活性位点的密度。当碳前体与牺牲载体一起使用时，后者需要在高温热解后利用化学方式去除。这些活性位点主要分为三种类型：MeN_x、CN_x 和非贵金属。非贵金属催化剂在 H_2/Air 燃料电池中的初始峰值功率密度比在 H_2/O_2 燃料电池中的要小得多。就耐久性而言，大多数非贵金属催化剂表明，性能最好的催化剂也是最不耐用的，尤其是在燃料电池当中。高性能催化剂的特征在于有大的微孔比表面积，实际上等于材料的总 BET 比表面积。因为已知的催化位点位于碳质载体的微孔中，大的微孔比表面积将出现大量的高活性位点，但如果碳质催化剂载体在运行的燃料电池中变得过于亲水，则这些位点很容易被淹没。通过改善石墨化使这种碳质载体的亲水性降低，不可避免地会导致碳载体上杂原子（如 N 和 O）的数量减少，从而导致较低的位点密度和催化剂性能。催化剂的碳质载体的电氧化和阴极中氧还原不完全导致的一些 H_2O_2 的积累也可能是非贵金属催化剂缺乏耐久性的潜在原因。

1.2.2　电催化氢气氧化过程

1.2.2.1　电催化氢气氧化过程概述

氢气是一种清洁燃料，其燃烧仅产生水。氢气可从烯烃工业或水煤气变换反应中获得，还可以通过电化学或光电化学分解水获得更加持续的氢气。氢气氧化的电极反应基本有如下两种形式：

$$2H^+ + 2e^- \rightleftharpoons H_2 \tag{1.35}$$

$$2H_2O + 2e^- \rightleftharpoons H_2 + 2OH^- \tag{1.36}$$

两种正向反应对应于析氢反应，逆向反应对应于氢氧化反应。根据定义，标准平衡电势在酸中为 0 V。与氧还原过程相比，氢氧化的过电势极低，在酸性条件下更易发生。但是由于氢气来源导致的纯度问题，氢氧化催化剂被 CO 等气体毒化，严重影响了氢氧化的发生。因此，除了活性稳定性等问题外，还需要考虑催化剂的抗毒化问题。

在实际应用中，氢氧化反应（HOR）通常采用多相催化剂。反应物和产物的吸附和解吸与非均相催化过程有关。氢氧化反应分为三个普遍接受的基本步骤：Tafel、Heyrovsky 和 Volmer 步骤。

Tafel　　　　　　　　　　$$H_2 + 2* \rightleftharpoons 2H_{ad} \tag{1.37}$$

Heyrovsky　　　　　　　$$H_2 + * \rightleftharpoons H_{ad} + H^+ + e^- \tag{1.38}$$

Volmer　　　　　　　　　$$H_{ad} \rightleftharpoons H^+ + e^- + * \tag{1.39}$$

其中，*为催化剂的氢吸附位点；H_{ad} 为吸附的氢。Tafel 反应是吸附 H_2 而没有电子转移。Heyrovsky 反应是吸附 H_2，同时转移一个质子和一个电子，并产生一个吸附氢单元。Volmer 反应是吸附氢单元的释放和质子的释放。因此，反应可以通过 Tafel-Volmer 或 Heyrovsky-Volmer 机制进行。

1.2.2.2　氢气氧化电催化剂

虽然氢氧化反应是最简单的电化学反应，但是它的详细机制尚不清楚，尽管如此，目前已经提出了几种用于评估催化剂活性的描述符。HOR 一般发生在多相催化剂的表面，所以氢在催化剂表面的结合能，也可以表示为金属氢化物的形成能，常被用作催化剂活性的描述。析氢反应（HER）的典型火山曲线首先由 Trasatti 绘制，最佳金属催化剂位于火山曲线的峰值附近。这可以用 Sabatier 原理来解释，即出色的催化剂应该具有适度的结合能力。随着密度泛函理论（DFT）计算的发展，HOR 交换电流密度与计算出的金属表面氢结合能（HBE）相关联。Norskov 等绘制了在酸中测量的 HER 催化活性与计算结合能的关系曲线，并证明了其具有良好的火山形状。铂族金属（PGMs，如 Pt、Pd、Ir、Rh）对应于图 1-1 中的峰值，这些金属表现出最高的 HOR 活性。Ni、Co、Cu 等对应于图 1-1 的左分支，这些金属的氢结合能更强。

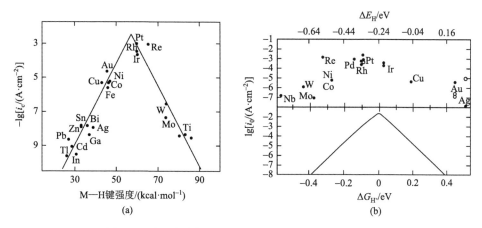

图 1-1　酸溶液中材料的 HER 催化活性与 HBE 的关联

1 kcal = 4.184 kJ

　　综上所述，只有具有最佳氢结合能的催化剂才表现出对 HOR 的高催化活性。除此之外，PGM 的结合能还受电解质的影响，增加电解质的碱度会导致氢与 Pt 的结合更强，氢结合能的变化导致碱性条件下比酸性条件下的 HOR/HER 速率更慢。Pt 合金和杂化结构已被用作在碱性条件下使用的 HOR/HER 催化剂，并且已经实现了几倍的活性增强，尽管这些物种在酸性条件下的活性仍然不如 PGM。

　　不含 PGM 的催化剂的开发可以在很大程度上降低燃料电池的成本。然而，在酸性介质中，暂时还没有报道具有活性的不含 PGM 的 HOR 催化剂。相比之下，Ni 基不含 PGM 的催化剂在碱性介质中显示出不错的 HOR 活性。已经报道了不含 PGM 的阴离子交换膜燃料电池，证明不含 PGM 的 HOR 催化剂在实际应用中确实有效。然而，其活性仍比最先进的 Pt 催化剂低一个数量级以上，还需要进一步开发。

1.2.3　电催化甲醇氧化过程

1.2.3.1　电催化甲醇氧化过程概述

作为燃料电池阳极侧燃料的备选项之一，甲醇具有能量密度高、来源广泛、价格低廉、易于运输、可再生等诸多优势，受到大量研究人员的关注。酸碱性环境中甲醇氧化反应（methanol oxidation reaction，MOR）的电极反应如式（1.40）、式（1.41）所示。

酸性介质中：$CH_3OH + H_2O \longrightarrow CO_2 + 6H^+ + 6e^-$　　　　　（1.40）

碱性介质中：$CH_3OH + 8OH^- \longrightarrow CO_3^{2-} + 6H_2O + 6e^-$　　　（1.41）

甲醇氧化的平衡电势为 0.02 V *vs.* RHE，非常接近氢气的氧化还原电势。然而，相较于氢氧化，甲醇氧化的动力学反应速率要低几个数量级，这是由于甲醇电催化氧化过程往往包含数个连续反应/平行反应，如图 1-2 所示。其中，通过 CO 吸附物种氧化生成 CO_2 的路径被称为甲醇的直接氧化途径，通过甲酸与甲醛物种氧化的路径则被称为间接氧化途径[1-3]。

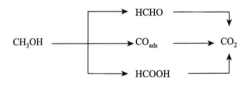

图 1-2　甲醇电催化氧化的平行反应过程

通常，甲醇的电催化氧化过程大致可以分为三个阶段，即甲醇分子的吸附、脱氢及中间物种氧化脱附，这一过程往往需要多个邻近的催化活性位点协同作用[4, 5]。直接氧化途径生成的 CO 吸附物种与活性位点之间有较强的相互作用，这会阻碍其进一步氧化，使得催化剂呈现中毒的现象。间接氧化途径生成的甲酸和甲醛物种则可能直接从活性位点表面脱附，作为甲醇氧化产物被收集到。这一过程已经被原位差分电化学质谱、荧光光谱和液相色谱等诸多实验结果证实。甲醇氧化过程涉及 6 电子/质子转移，在酸碱不同介质中以及不同类型催化剂上的具体反应过程存在一定的差异，将在第 3 章详细介绍。

1.2.3.2　甲醇氧化电催化剂

在酸碱性不同的介质中，甲醇氧化的电催化剂具有较大差异。在酸性介质中，考虑到催化剂自身的酸稳定性，能够表达出较高活性的催化材料仅为 Pt 及其合金。

例如，目前商用直接甲醇燃料电池阳极催化剂即为碳载 PtRu 合金催化剂[6, 7]。当下，酸性环境中甲醇氧化电催化剂的研究方向主要为 Pt 基材料的修饰[8, 9]、低 Pt 催化剂[10]以及非 Pt 催化剂的开发[11]（图 1-3）。例如 Pt 基二元、三元及多元合金，具有高指数晶面的 Pt 基纳米晶，Pt 基核壳结构催化剂等都有了大量报道。除了对金属的改性外，对载体的调控也得到了大量关注。已有文献报道，在常规碳载体基础上进行形貌调控、杂原子掺杂或与非贵金属磷化物等的耦合，可以优化 Pt 的电子结构，从而促进催化中心 Pt 表达出更优异的活性。大量研究表明，对金属 Pt 和载体的改性很大程度上会有利于促进 CO 吸附物种的脱附，避免 Pt 在反应过程中被持续毒化，即提升催化剂的抗毒化性能，具体的抗毒化机制将在第 3 章详细介绍。以单原子材料为代表的超低 Pt 含量甲醇氧化电催化剂也得到快速发展，例如，Zhang 等[12]近期报道了 RuO_2 负载 Pt 单原子催化剂在促进甲醇氧化反应中的应用，获得了极高的质量比活性和较好的抗毒化能力。在非 Pt 催化剂的研发方面，目前有报道的催化材料仅为碳化钨（WC）、碳化钽（TaC）等具有类 Pt 性质的材料。与 Pt 基催化剂相比，它们的活性和稳定性还有待进一步提升。

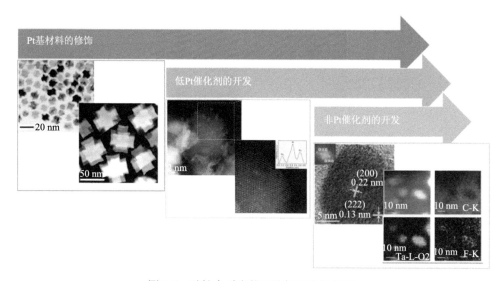

图 1-3　酸性介质中的甲醇氧化电催化剂

在碱性环境中，Pt 同样具有较高的甲醇氧化催化活性。与 Pt 类似的贵金属基催化材料还有 Pd、Rh、Ir 等[13-15]，它们甚至表现出了优于 Pt 的催化活性（如 Pd 和 Rh）。与酸性介质中催化剂的研究过程类似，碱性介质中甲醇氧化电催化剂的发展也主要集中在贵金属催化剂的修饰与改性、低贵金属催化剂以及非贵金属催化剂的研究。与酸性介质中非 Pt 催化剂十分稀少的现状不同，碱性环境中甲醇电氧化非贵金属催化剂取得了大量进展，目前已经报道的材料有 Ni 及其合金/氧化物/MOF[16, 17]、氧化锡（SnO_2）、二硫化钼（MoS_2）等，其中研究重点主要集中于可在实际燃料电池中替代 Pt 的 Ni 基催化剂。例如 Wang 等[18]合成的具有非局域电子结构的氢氧化镍纳米带具有与 Pt 相近的催化活性（图 1-4），其能够在阴离子交换膜甲醇燃料电池中稳定运行，稳定性甚至优于商业 Pt/C 催化剂。

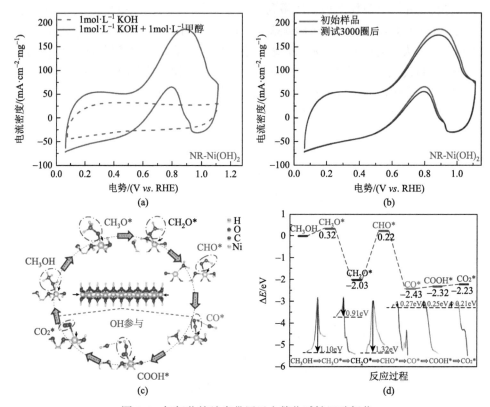

图 1-4　氢氧化镍纳米带用于电催化碱性甲醇氧化

（a）氢氧化镍纳米带催化碱性甲醇电催化循环伏安曲线；（b）测试 3000 圈前后的性能曲线；（c）氢氧化镍纳米带催化碱性甲醇电氧化的反应过程示意图；（d）氢氧化镍纳米带催化碱性甲醇电氧化理论计算结果
*表示甲醇氧化的反应中间物种

1.2.4　电催化甲酸氧化过程

1.2.4.1　电催化甲酸氧化过程概述

尽管以甲醇作为阳极燃料的离子交换膜电池已经取得了长足的发展，然而甲醇自身具有毒性、易燃性及在离子交换膜电池中的渗透问题和甲醇氧化反应缓慢的动力学极大地阻碍了其更广泛的应用。相较于甲醇，甲酸同样属于碳一小分子，易于发生氧化，同时价格便宜且无毒无害，成为燃料电池阳极燃料的新选项。

以甲酸作为燃料，其具有独特的优势，具体包括：①理论开路电压高。甲酸氧化的理论电极电势为–0.22 V *vs.* RHE［式（1.42）］，以甲酸为燃料组装燃料电池时，其在 25℃时的理论开路电压能达到 1.45 V，高于氢氧燃料电池和甲醇燃料电池。②氧化动力学速率快。甲酸的电氧化速率较甲醇快一个数量级，因此以其作为燃料的直接甲酸燃料电池具有比甲醇燃料电池更高的比功率。③低温运行性能优异。以甲酸为燃料时，其浓度可以达到 20 mol·L^{-1}，极大降低了阳极的凝固点，使电池具有优异的低温运行性能。④甲酸的膜透过率低。归因于商用 Nafion 膜中磺酸基团与甲酸根的排斥作用，甲酸在实际电池中的透过率低，不会对阴极侧氧还原反应产生显著的影响。⑤甲酸本身作为一种电解质，能够增大阳极侧的质子电导率[19, 20]。

$$HCOOH \longrightarrow CO_2 + 2H^+ + 2e^- \tag{1.42}$$

早在 20 世纪 70 年代，科研人员就已经开始针对甲酸电氧化的催化机制进行系统性研究。Capon 和 Parsons 在总结前人工作的基础上，提出了甲酸电氧化的双途径机制，如图 1-5 所示。在直接氧化途径中，甲酸分子在活性位点上吸附，产生结合较弱的活性中间体，易于被迅速氧化为 CO$_2$。在间接氧化途径中，甲酸分子在活性位点上产生强吸附的非活性中间物种，难以被迅速氧化，这会导致活性位点被占据，不能继续催化甲酸分子的氧化，即被毒化。因此，不难看出，动力学速率快、不产生毒化物种的直接氧化途径是甲酸电氧化过程的最佳选项[21]。

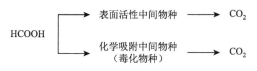

图 1-5 甲酸电氧化的双途径机制

1.2.4.2 甲酸氧化电催化剂

目前文献报道的甲酸氧化电催化剂主要为 Pt 基和 Pd 基材料，尽管这两者上发生甲酸氧化的详细过程并不完全相同（详见第 3 章），但针对这两种活性物质的催化剂的研发策略基本类似，即促进直接氧化途径的发生和增强抗 CO 毒化能力。下面对用于甲酸氧化的电催化剂做如下总结（图 1-6）。

（1）形貌控制的 Pt/Pd 及其合金纳米晶：甲酸氧化过程涉及甲酸分子在 Pt 和 Pd 表面的吸附，因此对表面结构的调控（即表面原子排布和原子配位数的调节）是非常必要的。例如，在 Pt 基纳米晶表面引入高指数晶面即可增加不饱和配位的 Pt 原子，进而促进甲酸分子在表面的吸附[22]。因此 Pt/Pd 基凹立方体[23]、正二十四面体[24]都已经被合成出来。在此基础上具有不同晶面结构的 Pt/Pd 基合金纳米晶[25, 26]也被成功制备，并表现出了更加优异的活性。

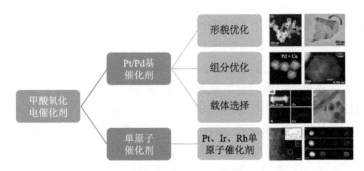

图 1-6　甲酸氧化电催化剂

（2）组分调控的 Pt/Pd 合金：除晶面调控外，直接的合金效应也能够有效优化活性物质 Pt 和 Pd 的电子结构，进而优化其对中间物种的吸附强度。例如，Pt/Pd 与过渡金属和 P 区金属（Bi、Pb、Sb、Sn）等[27-30]的合金已经被证实具有更为优异的催化活性。另外，考虑到甲酸电氧化的直接途径仅需要一个活性位点，而间接途径需要多个邻近的活性位点，因此利用组分效应将活性的 Pt 和 Pd 分散，将能够促进直接氧化途径的发生，避免催化剂的毒化。例如，Duchesne 等[31]报道了以 Au 为基底对 Pt 位点的稀释，稀释后的 Pt_1 位点相较于商业 Pt/C 活性提高了近百倍。

（3）载体优化的 Pt/Pd 及其合金：合理的载体选择能够极大降低贵金属的用量、提高原子利用率、防止纳米粒子团聚[32,33]。在甲酸氧化电催化剂的制备过程中对载体的调控（如异原子的掺杂和过渡金属磷化物的修饰等）则还能够促进 Pt/Pd 位点上强吸附 CO 的氧化，避免催化剂的持续毒化。例如，以 Ni_2P 修饰的碳为载体负载 Pd 催化剂，其在直接甲酸燃料电池中表现出优异活性，峰值功率密度达到了 $550\ mW\cdot cm^{-2}$，同时具有优异的稳定性[34]。

除 Pt 基和 Pd 基材料外，近几年来，随着单原子催化浪潮的兴起，单原子催化剂在甲酸电氧化中的应用也得到探究。例如，Xiong 等[35,36]发现 Rh 和 Ir 的单原子催化剂能够在甲酸电氧化过程中表现出显著的优于商业催化剂的质量比活性和抗毒化能力。这为甲酸氧化电催化剂的开发开辟了新的方向。

1.3　电化学测量

1.3.1　电化学测量体系

1.3.1.1　电化学测量体系基本单元

对材料电化学性质的研究离不开电化学测量，该过程涉及电极、电解质、电解槽等。

1）电极

电极包括工作电极、参比电极和辅助电极。工作电极即为待测材料，是电化学反应发生的场所。燃料电池阴阳极催化剂通常为粉末，因此往往需要将其配制成催化剂浆液，涂敷到稳定的惰性电极表面（如玻碳电极、金电极、铂电极、导电玻璃等），以此来研究材料的电化学表现。工作电极可能还包括探针电极，特别是在两回路测量体系中。参比电极是指一个电势已知的接近理想不极化电极，可以用于测定和讨论工作电极的电极电势，常用的参比电极包括标准氢电极、饱和甘汞电极、Ag/AgCl 电极、Hg/HgO 电极、Hg/Hg_2SO_4 电极等，它们都存在各自最适用的测试环境，在测试时应该按需选择。测量过程中工作电极上的电势往往是相对于参比电极的。辅助电极又称对电极，其作用主要是与工作电极构成回路，保证工作电极上的反应顺利进行，通常可以选择表面积较大的石墨棒或铂黑电极，以使外部所施加极化主要作用于工作电极。

2）电解质

电化学测量过程中的电解质主要用于连接各个工作电极，它是由溶剂和高浓度的溶质及活性物质组成，存在形式可能为液体或固体。通常可以根据电解质的作用将其分为四类，即作为电极反应物的电解质、仅起导电作用的支持电解质（如高氯酸溶液）、具有离子导电性的固体聚合物电解质（如全氟磺酸膜）以及兼顾反应性和导电性的电解质。

3）电解槽

电解槽是用于放置电极和电解质的容器，在实验室进行电化学测量时，小型电解槽主要材质通常选择为玻璃、聚四氟乙烯等，其上有各个电极插口及气体导口。用于验证催化剂的器件性能时，所采用的电解槽通常较为复杂，包含流场、集流体、双极板、端板等各个组件，这部分将在第 5 章详细介绍。

1.3.1.2　电极电势的标定

利用电化学的方法对材料电化学性质的研究类似于对黑箱体系的探索，即通过电化学仪器对研究对象施加一定扰动，检测响应的电化学信号，以此来反推材料本身的电化学性质。通常通过电化学仪器施加的扰动和检测的信号主要包括电压、电流、阻抗等。其中，施加和检测电压信号时，待研究材料（即工作电极）的电势是相对的，其绝对值无法直接测量。为了准确测定和讨论这一物理量，需要使用相对统一的参照标准。

通常在电化学测量中，选择一个稳定的参比电极与工作电极构成电压的测量回路，以此来标定和控制对工作电极施加的电压扰动。按照国际纯粹与应用化学联合会（IUPAC）建议的电极电势定义，在无液接电势的情况下，待测电极与标准氢电极[NHE，式（1.43）]的电势差即为待测电极的电极电势，即定义了标准氢电极的电极电势为 0 V，为一级参比电极。

$$2H^+ + 2e^- \longrightarrow H_2 \qquad E^\ominus = 0 \text{ V} \qquad (1.43)$$

然而，由于标准氢电极的制备较为复杂，通常选用较为稳定的饱和甘汞电极、Ag/AgCl 电极、Hg/HgO 电极、Hg/Hg$_2$SO$_4$ 电极等作为二级参比电极，用于更便捷地测定特定反应条件下的电极电势。为了便于比较，文献中通常需要将二级参比电极转换为一级参比电极。

1.3.1.3　电化学测量体系概述

针对不同的研究对象以及研究目标，所需要选择的测量体系也不尽相同。这里对电化学研究中常用的测量体系进行概述。

1）三电极测量体系

实验室中，通常选用三电极体系来同时准确测定工作电极的电势和通过的电流信号，其包括电压测定回路和电流测定回路（图1-7）。将工作电极与辅助电极构成回路，可以测定工作电极上发生反应所产生的电流信号。将工作电极与参比电极构成回路，则可以测定工作电极与参比电极的电势差，进而计算并控制工作电极的电极电势。

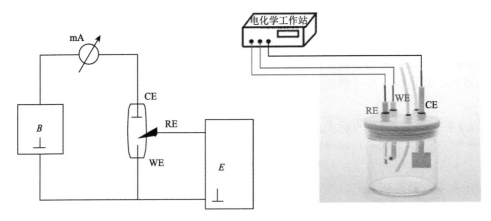

图 1-7　三电极体系中用于测定电势和电流信号的两回路

WE、RE、CE 分别表示工作电极、参比电极和辅助电极

值得注意的是，在电极电势的测量回路中，由于工作电极和参比电极间通过电解质导通，因而存在由电解质溶液电阻引起的欧姆电压降和参比电极与电解质溶液界面的液接电势。通过选择合适的参比电极使电极参比液与电解质溶液相同

可以极大减小液接电势的影响,例如,在 H_2SO_4 溶液中可以选择 Hg/Hg_2SO_4 参比电极,在 KOH 溶液中可以选择 Hg/HgO 参比电极。

2)两电极测量体系

除三电极体系外,为了探究催化剂在实际器件中的性能表达,通常使用两电极测试体系,即组装单电池进行测试。两电极体系中,通常不使用参比电极和辅助电极,而是直接测试阴阳两极间的电压和电流信号。不难看出,两电极体系是对阴阳极催化剂总体性能测试的方法,当控制一侧催化剂固定时,可以比较另一侧催化剂在器件中的性能。

尽管认为两电极测量体系无法准确地测定某一极的电极电势(没有参比电极作为参照标准),但在某些特定情况下,可以对电极电势值进行估算。例如在氢氧燃料电池中,当以 Pt 为阳极侧催化剂时,在阳极侧通入氢气,可以近似地将阳极侧看作一个标准氢电极,其电势为 0 V,这种情况下可以将阳极侧看作参比电极,研究阴极的电化学性质。

1.3.2　电化学测量方法

要想获得对电催化反应过程清晰的认识,首先要能对反应整体过程或某一阶段进行准确的测量,需要了解电化学测量的方法。常用的电化学测试方法包括暂态法(线性电势扫描伏安法、交流阻抗法、电势/电流阶跃法等)、稳态法(恒电流/电位法)以及涉及强制对流的测试方法(旋转圆盘法、旋转环盘法)等。

(1)线性电势扫描伏安法:线性电势扫描伏安法是评判材料电化学响应应用最广泛的测试技术,其包括线性扫描伏安法(LSV)和循环伏安法(CV)。该测试过程中,控制研究电极的电势(E)以某一恒定速率进行扫描,记录响应的电流信号(i),得到的伏安曲线(i-E)即被称为是 LSV/CV 曲线。从伏安曲线上可以观察到工作电极发生氧化/还原反应的大致电位、电极反应的可逆性、电极反应反应物的来源、样品的吸脱附性质等。

(2)电势/电流阶跃法:电势/电流阶跃法是指控制工作电极的电势/电流按照某一特定波形规律变化,同时测量响应电流/电势随时间的变化,进而分析电极反应过程并计算相关参数的测试方法。通常通过电势/电流阶跃法能够获得的信息包括:电极表面的覆盖层、电极反应物的来源、溶液电阻、电容及表面电荷值等。

(3)交流阻抗法:交流阻抗法是指通过控制电化学系统的电流/电势小幅度地随时间按正弦规律变化,测量相对应的系统电势/电流或阻抗随时间的变化,进而进行电化学系统的反应机理分析的测试技术。通过对交流阻抗谱的拟合,可以得到对应于电化学反应系统的等效电路图,即可以用等效电路中的电阻、电容等电化学元件来理解真实的电化学反应过程。

（4）恒电流/电位法：恒电流/电位法是指保持工作电极的电流/电势为恒定值，测定响应电势/电流值随时间的变化关系，以此衡量电化学反应过程变化的技术。对电催化反应而言，恒电流/电位测试技术常用于评价催化剂的稳定性。例如在甲酸电氧化过程中，以 Pd 基材料为催化剂，对工作电极施加 0.4 V *vs.* RHE 的恒定电势，观察到响应电流快速减小，表明催化剂活性的损失，这可能是由其被 CO 毒化导致。

（5）旋转圆盘/环盘法：当电极和溶液之间发生相对运动时，反应物和产物的物质传递过程受到强制对流的影响，这一类电化学测量方法被称为强制对流技术。强制对流技术可以保证电极表面扩散层厚度均匀分布，并可以人为地加以控制，使得液相扩散传质速率在较大范围内调制。这样既可以保证电极表面的电流密度、电极电势及传质更均匀、稳定，又能降低物质传递过程对电荷传递动力学的影响。强制对流的实现形式包括电极处于运动状态（如旋转圆盘/环盘法）及强制溶液流过静止的电极（电解液的磁力搅拌）。旋转圆盘电极（RDE）技术通常用于氧还原测试，将自然对流情况下的扩散控制或混合控制的电极过程转变为电荷传递过程控制，即可以利用稳态极化曲线测定反应的动力学参数。在旋转圆盘电极的基础上，采用旋转环盘电极（RRDE）技术还能够有效地捕捉到反应产物或中间体，推算电极反应的电子转移数及反应路径。

1.3.3　电催化过程原位表征

随着对催化反应研究的不断深入，对反应本身的进行状态以及反应过程中材料的变化规律进行探究变得尤为重要，这催生了众多的原位表征技术，同时也使得研究人员对电催化反应的理解不断深入。这里对电催化过程中的原位表征技术进行概括性总结。

1.3.3.1　原位显微技术

在各种原位表征技术中，原位显微技术能够最直观地展现出材料在反应过程中的变化情况，因而受到众多科研人员的青睐。原位显微技术主要包括原位透射/扫描透射电子显微术（*in-situ* TEM/STEM）、原位扫描隧道显微术（*in-situ* STM）等，它们都可以在反应过程中观察催化剂的结构与组分变化[37, 38]。例如，利用 *in-situ* TEM 可以观察纳米晶的形貌变化并探测组分的流失情况；利用 *in-situ* STEM 可以研究单原子材料在催化反应过程中的稳定性；利用 *in-situ* STM 则能够分辨出反应过程中材料表面的原子迁移及构型变化情况。下面对原位显微技术在燃料电池催化反应中的应用实例进行简要介绍。

　　Pt 基合金及异质结构（核壳）材料是燃料电池阴极侧优异的催化剂，但在实际燃料电池运行过程中，催化剂的活性存在缓慢降低的现象。利用 *in-situ* TEM，研究人员发现 Pt 纳米粒子在反应过程中存在脱离载体、迁移和团聚现象，导致活性位点丢失［图 1-8（a）］[39]。此外，合金材料的脱合金化以及核壳材料结构的破坏都会导致催化剂本征活性降低［图 1-8（b）］[40]。基于这些结果，具有更稳定结构和组成的 Pt 基氧还原催化剂被发展了出来，为提升材料的运行稳定性提供思路。

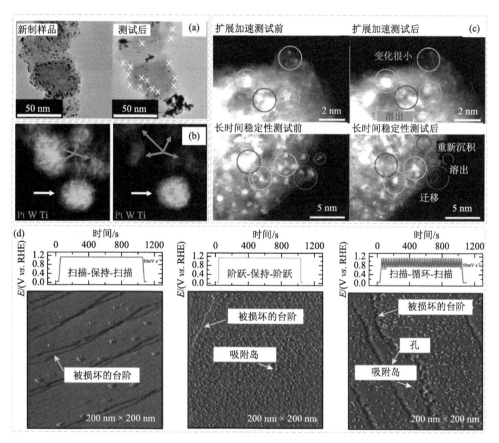

图 1-8　原位显微术在燃料电池催化剂研究中的应用

　　发展单原子材料能够极大降低催化剂中的贵金属用量，然而其较差的稳定性成为限制其发展的瓶颈。研究人员利用 *in-situ* STEM 分析了 Pt 单原子催化剂在加速电位循环过程中的失活规律，指出碳载体中杂原子的氧化会加速单原子的脱出和团聚，导致 Pt 单原子电子结构和配位环境改变［图 1-8（c）］[41]。因此，在开发单原子催化剂时，发展更为稳定的载体将是有效提升运行稳定性的关键。

　　利用 *in-situ* STM，研究人员发现在氧还原反应发生过程中，Pt 表面原子的配位结构会发生改变,由初始的平整单晶表面逐渐演化为 Pt 吸附岛[图 1-8(d)][42],表明对所制备的 Pt 催化剂的大部分表征都不能真实反映反应条件下材料的性质,这对催化剂的开发提出了更高的要求。除 Pt 以外,利用 *in-situ* STEM 还观测到 Au 电极表面 Fe、Co 的卟啉结构在氧还原过程中也会发生构型的改变[43, 44]。

1.3.3.2 原位谱学技术

除了直接看到材料结构的变化外,利用各种谱学技术探测样品在催化过程中体相和表面结构,特别是电子结构和配位环境的变化也能为深入理解催化反应提供丰富的信息。常用的原位谱学表征技术主要包括光谱技术(如红外光谱、拉曼光谱)、质谱、基于 X 射线的谱学表征(X 射线光电子能谱、X 射线吸收谱)等[45],这些原位表征技术通常能够较为全面地反映材料的变化情况。原位谱学技术在燃料电池催化剂研究过程中的应用见图 1-9。

(1)原位红外光谱技术:红外光谱技术利用材料中化学键振动对特定波长入射光的吸收产生的特征峰进行分析,通常采用的方法包括透射红外光谱法、漫反射红外光谱法和衰减全反射红外光谱(ATR-IR)法等。透射红外光谱法不能单一地获得样品表面的信息,且需要压片测量,对原位测试的适用性较差。漫反射红外光谱和衰减全反射红外光谱更适用于电化学原位研究。在原位电化学环境中,可以利用这两种红外光谱技术检测反应过程中材料表面的吸附物种变化。例如利用 ATR-IR 技术,研究人员发现在氧还原过程中,Pt 表面存在电位相关的 OOH 和 HOOH 吸附物种,这为氧还原过程涉及关联途径(associative pathway)提供了直接证据[46]。

(2)原位拉曼光谱技术:尽管红外光谱能够提供大量反应过程的相关信息,但其在检测含氧中间物种时容易受到水溶液的干扰。相对而言,原位拉曼光谱则能将溶剂的干扰最小化,特别是利用表面增强拉曼光谱技术(SERS)可以将微弱的吸附物种信号放大 $10^4 \sim 10^7$ 量级,极大提高了检测的灵敏度[47]。例如,厦门大学李剑锋等[48]利用 SERS 技术对单晶 Pt 不同晶面的 ORR 过程进行探究后指出,不同 Pt 高指数晶面对 OOH 吸附的差异是影响活性的关键。在 SERS 的基础上,将其与原子力显微镜结合即构成了针尖增强拉曼光谱技术(TERS),利用这种技术能够提供更丰富的空间分辨信息[49]。

(3)原位质谱技术:基于对反应过程中溶液相组分和气相组分的检测,原位质谱技术可以提供催化材料的组分变化和反应过程信息。例如,利用原位 ICP-MS,可以监测 Pt 纳米粒子与 Pt 单原子在电位循环过程中的不同溶解行为,提供催化剂稳定性相关的信息。基于气相产物检测的差分电化学质谱(DEMS)技术则能较好地反映催化产物和中间体的相关信息[50]。例如在阳极氢氧化催化反应研究中,

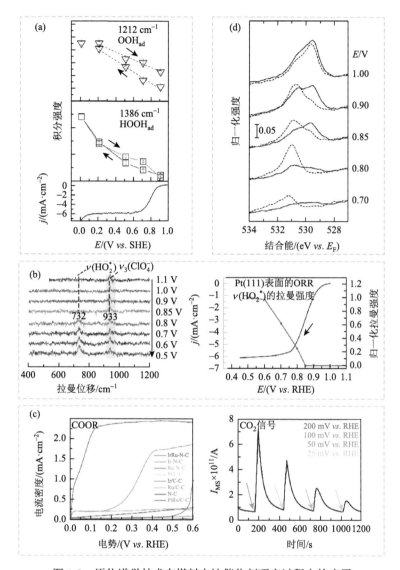

图 1-9　原位谱学技术在燃料电池催化剂研究过程中的应用

（a）通过原位红外监测 Pt 在催化氧还原过程中的中间物种吸收峰强度；（b）通过原位拉曼监测电催化氧还原过程中 Pt(111) 表面吸附物种的演变；（c）原位电化学差分质谱检测 IrRu-N-C 催化剂在 CO 氧化过程中的产物信号；（d）原位 XPS 监测 Pt 在催化甲醇氧化过程中的表面电子结构

通过 DEMS 技术检测到抗毒化 Ir/Ru 双单原子催化剂对 CO 的氧化行为，明晰了对反应过程的理解[51]。

（4）原位 X 射线光电子能谱：X 射线光电子能谱（XPS）技术是分析材料表面吸附物种和电子结构最强有力的工具。由于光电子的平均自由程较短，传统的 XPS 测试需要在真空条件下进行。为了模拟电化学反应进行的工况条件，近常压

XPS（NAP-XPS）测试技术被开发了出来。利用这一技术，研究人员对 Pt 基催化剂在氧还原以及甲醇氧化过程中的表面电子结构及吸附物种进行了探测和分析，结果清晰地显示在升高电位条件下存在 Pt 和 Ru 的氧化，形成高价的 Pt（Ⅳ）及 Ru（Ⅳ）物种[52]。在氧还原过程中对纯 Pt 和 PtFe 合金表面吸附物种的分析显示，催化剂的活性与表面 O 吸附物种的覆盖度直接相关，这为氧还原反应 Pt 基催化剂机理的研究提供了新的见解[53]。

（5）原位 X 射线吸收谱：基于同步辐射光源的 X 射线吸收谱（XAS）是一种灵敏的结构分析技术，其能够在原子尺度上给出材料的配位信息和电子结构信息。相较于近常压 XPS 技术，原位 X 射线吸收谱的实现相对容易。利用原位 XAS 技术，可以实现对活性位点的准确探测。例如，Xiao 等[54]借助原位 XAS 技术观察到氧还原过程中 OH 吸附物种在 FeNC 单原子上的形成，即高电位下原位演化生成的 Fe（Ⅱ）N_4OH 是催化氧还原反应的活性中心。基于这一结果，更高活性的非贵金属酸性氧还原电催化剂，如 FeN_4-O-FeN_4 位点[55]、RuN_4OH 位点[56]、新型异核双原子中心 $FeCoN_5$OH 位点[57]等也被成功设计出来。

参 考 文 献

[1] Ali A，Shen P K. Recent advances in graphene-based platinum and palladium electrocatalysts for the methanol oxidation reaction[J]. Journal of Materials Chemistry A，2019，7（39）：22189-22217.

[2] Yang L，Ge J J，Liu C P，et al. Approaches to improve the performance of anode methanol oxidation reaction：a short review[J]. Current Opinion in Electrochemistry，2017，4（1）：83-88.

[3] Yaqoob L，Noor T，Iqbal N. Recent progress in development of efficient electrocatalyst for methanol oxidation reaction in direct methanol fuel cell[J]. International Journal of Energy Research，2020，45（5）：6550-6583.

[4] Iwasita T. Electrocatalysis of methanol oxidation[J]. Electrochimica Acta，2002，47（22-23）：3663-3674.

[5] Batista E A，Malpass G R P，Motheo A J，et al. New mechanistic aspects of methanol oxidation[J]. Journal of Electroanalytical Chemistry，2004，571（2）：273-282.

[6] Iwasita T，Hoster H，John-Anacker A，et al. Methanol oxidation on PtRu electrodes. Influence of surface structure and Pt-Ru atom distribution[J]. Langmuir，2000，16（2）：522-529.

[7] Radmilovic V，Gasteiger H A，Ross P N. Structure and chemical composition of a supported Pt-Ru electrocatalyst for methanol oxidation[J]. Journal of Catalysis，1995，154（1）：98-106.

[8] Li Z J，Jiang X，Wang X R，et al. Concave PtCo nanocrosses for methanol oxidation reaction[J]. Applied Catalysis B：Environmental，2020，277：119135.

[9] Zhan F W，Bian T，Zhao W G，et al. Facile synthesis of Pd-Pt alloy concave nanocubes with high-index facets as electrocatalysts for methanol oxidation[J]. CrystEngComm，2014，16（12）：2411-2416.

[10] Qi Y，Bian T，Choi S I，et al. Kinetically controlled synthesis of Pt-Cu alloy concave nanocubes with high-index facets for methanol electro-oxidation[J]. Chemical Communications，2014，50（5）：560-562.

[11] Yue X，He C Y，Zhong C Y，et al. Fluorine-doped and partially oxidized tantalum carbides as nonprecious metal electrocatalysts for methanol oxidation reaction in acidic media[J]. Advanced Materials，2016，28（11）：2163-2169.

[12] Zhang Z Q，Liu J P，Wang J，et al. Single-atom catalyst for high-performance methanol oxidation[J]. Nature

Communications，2021，12（1）：5235.

[13]　Zhu J Y，Chen S Q，Xue Q，et al. Hierarchical porous Rh nanosheets for methanol oxidation reaction[J]. Applied Catalysis B：Environmental，2020，264：118520.

[14]　Kelly C H W，Benedetti T M，Alinezhad A，et al. Understanding the effect of Au in Au-Pd bimetallic nanocrystals on the electrocatalysis of the methanol oxidation reaction[J]. The Journal of Physical Chemistry C，2018，122（38）：21718-21723.

[15]　Ureta-Zañartu M S，Bravo P，Zagal J H. Methanol oxidation on modified iridium electrodes[J]. Journal of Electroanalytical Chemistry，1992，337（1-2）：241-251.

[16]　Mancharan R，Goodenough J B. Methanol oxidation in acid on ordered NiTi[J]. Journal of Materials Chemistry，1992，2（8）：875-887.

[17]　Li J S，Luo Z S，He F，et al. Colloidal Ni-Co-Sn nanoparticles as efficient electrocatalysts for the methanol oxidation reaction[J]. Journal of Materials Chemistry A，2018，6（45）：22915-22924.

[18]　Wang X P，Xi S B，Lee W S V，et al. Materializing efficient methanol oxidation via electron delocalization in nickel hydroxide nanoribbon[J]. Nature Communication，2020，11（1）：4647.

[19]　Jiang K，Zhang H X，Zou S Z，et al. Electrocatalysis of formic acid on palladium and platinum surfaces：from fundamental mechanisms to fuel cell applications[J]. Physical Chemistry Chemical Physics，2014，16（38）：20360-20376.

[20]　Shen T，Zhang J J，Chen K，et al. Recent progress of palladium-based electrocatalysts for the formic acid oxidation reaction[J]. Energy Fuels，2020，34（8）：9137-9153.

[21]　Xu J，Yuan D F，Yang F，et al. On the mechanism of the direct pathway for formic acid oxidation at a Pt（111）electrode[J]. Physical Chemistry Chemical Physics，2013，15（12）：4367-4376.

[22]　Yan X X，Hu X J，Fu G T，et al. Facile synthesis of porous Pd₃Pt half-shells with rich "active sites" as efficient catalysts for formic acid oxidation[J]. Small，2018，14（13）：1703940.

[23]　Sheng T，Tian N，Zhou Z Y，et al. Designing Pt-based electrocatalysts with high surface energy[J]. ACS Energy Letters，2017，2（8）：1892-1900.

[24]　Tian N，Zhou Z Y，Sun S G，et al. Synthesis of tetrahexahedral platinum nanocrystals with high-index facets and high electro-oxidation activity[J]. Science，2007，316（5825）：732-735.

[25]　Jiang Y，Yan Y C，Chen W L，et al. Single-crystalline Pd square nanoplates enclosed by {100} facets on reduced graphene oxide for formic acid electro-oxidation[J]. Chemical Communications，2016，52（99）：14204-14207.

[26]　Wang Y，Jiang X，Fu G T，et al. Cu₅Pt dodecahedra with low-Pt content：facile synthesis and outstanding formic acid electrooxidation[J]. ACS Applied Materials & Interfaces，2019，11（38）：34869-34877.

[27]　Mondal S，Raj C R. Electrochemical dealloying-assisted surface-engineered Pd-based bifunctional electrocatalyst for formic acid oxidation and oxygen reduction[J]. ACS Applied Materials & Interfaces，2019，11（15）：14110-14119.

[28]　Zheng J Z，Zeng H J，Tan C H，et al. Coral-like PdCu alloy nanoparticles act as stable electrocatalysts for highly efficient formic acid oxidation[J]. ACS Sustainable Chemistry & Engineering，2019，7（18）：15354-15360.

[29]　Shi H X，Liao F，Zhu W X，et al. Effective PtAu nanowire network catalysts with ultralow Pt content for formic acid oxidation and methanol oxidation[J]. International Journal of Hydrogen Energy，2020，45（32）：16071-16079.

[30]　Taylor A K，Perez D S，Zhang X，et al. Block copolymer templated synthesis of PtIr bimetallic nanocatalysts for the formic acid oxidation reaction[J]. Journal of Material Chemistry A，2017，5（40）：21514-21527.

[31]　Duchesne P N，Li Z Y，Deming C P，et al. Golden single-atomic-site platinum electrocatalysts[J]. Nature

Materials，2018，17（11）：1033-1039.

[32]　Xi Z，Erdosy D P，Mendoza-Garcia A，et al. Pd nanoparticles coupled to WO$_{2.72}$ nanorods for enhanced electrochemical oxidation of formic acid[J]. Nano Letters，2017，17（4）：2727-2731.

[33]　Li X T，Zhang J S，Kou S F，et al. Pt/Co-Au dumbbell-like nanorods for enhanced electrocatalytic performance of formic acid electrooxidation[J]. Particle & Particle Systems Characterization，2018，35（5）：1700379.

[34]　Chang J F，Feng L G，Liu C P，et al. An effective Pd-Ni$_2$P/C anode catalyst for direct formic acid fuel cells[J]. Angewandte Chemie International Edition，2014，126（1）：126-130.

[35]　Xiong Y，Dong J C，Huang Z Q，et al. Single-atom Rh/N-doped carbon electrocatalyst for formic acid oxidation[J]. Nature Nanotechnology，2020，15：390-397.

[36]　Li Z，Chen Y J，Ji S F，et al. Iridium single-atom catalyst on nitrogen-doped carbon for formic acid oxidation synthesized using a general host-guest strategy[J]. Nature Chemistry，2020，12（8）：764-772.

[37]　Li X N，Wang H Y，Yang H B，et al. *In situ/operando* characterization techniques to probe the electrochemical reactions for energy conversion[J]. Small Methods，2018，2（6）：1700395.

[38]　Meyer Q P G，Zeng Y C，Zhao C. *In situ* and *operando* characterization of proton exchange membrane fuel cells[J]. Advanced Materials，2019，31（40）：1901900.

[39]　Lafforgue C，Maillard F，Martin V，et al. Degradation of carbon-supported platinum-group-metal electrocatalysts in alkaline media studied by *in situ* Fourier transform infrared spectroscopy and identical-location transmission electron microscopy[J]. ACS Catalysis，2019，9（6）：5613-5622.

[40]　GÖhl D，Garg A，Paciok P，et al. Engineering stable electrocatalysts by synergistic stabilization between carbide cores and Pt shells[J]. Nature Materials，2020，19（3）：287-291.

[41]　Speck F D，Paul M T Y，RÜiz-Zepeda F，et al. Atomistic insights into the stability of Pt single-atom electrocatalysts[J]. Journal of the American Chemical Society，2020，142（36）：15496-15504.

[42]　Peng J H，Tao P，Song C Y，et al. Structural evolution of Pt-based oxygen reduction reaction electrocatalysts[J]. Chinese Journal of Catalysis，2022，43（1）：47-58.

[43]　Wan L J，Moriyama T，Ito M，et al. *In situ* STM imaging of surface dissolution and rearrangement of a Pt-Fe alloy electrocatalyst in electrolyte solution[J]. Chemical Communications，2002，（1）：58-59.

[44]　Yoshimoto S，Tada A，Itaya K. *In situ* scanning tunneling microscopy study of the effect of iron octaethylporphyrin adlayer on the electrocatalytic reduction of O$_2$ on Au(111)[J]. The Journal of Physical Chemistry B，2004，108（17）：5171-5174.

[45]　Dix S T，Linic S. *In-operando* surface-sensitive probing of electrochemical reactions on nanoparticle electrocatalysts：spectroscopic characterization of reaction intermediates and elementary steps of oxygen reduction reaction on Pt[J]. Journal of Catalysis，2021，396：32-39.

[46]　Nayak S，Mcpherson I J，Vincent K A. Adsorbed intermediates in oxygen reduction on platinum nanoparticles observed by *in situ* IR spectroscopy[J]. Angewandte Chemie International Edition，2018，57（39）：12855-12858.

[47]　Bell S E J，Sirimuthu N M S. Quantitative surface-enhanced Raman spectroscopy[J]. Chemical Society Reviews，2008，37（5）：1012-1024.

[48]　Dong J C，Zhang X G，Briega-Martos V，et al. *In situ* Raman spectroscopic evidence for oxygen reduction reaction intermediates at platinum single-crystal surfaces[J]. Nature Energy，2019，4（1）：60-67.

[49]　Ding S Y，Yi J，Li J F，et al. Nanostructure-based plasmon-enhanced Raman spectroscopy for surface analysis of materials[J]. Nature Reviews Materials，2016，1（6）：16021.

[50]　Möller S，Barwe S，Masa J，et al. Online monitoring of electrochemical carbon corrosion in alkaline electrolytes

by differential electrochemical mass spectrometry[J]. Angewandte Chemie International Edition，2020，59（4）：1585-1589.

[51]　Wang X，Li Y，Wang Y，et al. Proton exchange membrane fuel cells powered with both CO and H_2[J]. Proceedings of the National Academy of Sciences，2021，118（43）：e2107332118.

[52]　Saveleva V A，Daletou M K，Savinova E R. The influence of methanol on the chemical state of PtRu anodes in a high-temperature direct methanol fuel cell studied *in situ* by synchrotron-based near-ambient pressure X-ray photoelectron spectroscopy[J]. Journal of Physics D：Applied Physics，2017，50（1）：014001.

[53]　Saveleva V A，Papaefthimiou V，Daletou M K，et al. Operando near ambient pressure XPS（NAP-XPS）study of the Pt electrochemical oxidation in H_2O and H_2O/O_2 ambients[J]. The Journal of Physical Chemistry C，2016，120（29）：15930-15940.

[54]　Xiao M L，Zhu J B，Ma L，et al. Microporous framework induced synthesis of single-atom dispersed Fe-N-C acidic ORR catalyst and its *in situ* reduced $Fe-N_4$ active site identification revealed by X-ray absorption spectroscopy[J]. ACS Catalysis，2018，8（4）：2824-2832.

[55]　Gong L Y，Zhang H，Wang Y，et al. Bridge bonded oxygen ligands between approximated FeN_4 sites confer catalysts with high ORR performance[J]. Angewandte Chemie International Edition，2020，59（33）：13923-13928.

[56]　Xiao M L，Gao L Q，Wang Y，et al. Engineering energy level of metal center：Ru single-atom site for efficient and durable oxygen reduction catalysis[J]. Journal of the American Chemical Society，2019，141（50）：19800-19806.

[57]　Xiao M L，Chen Y T，Zhu J B，et al. Climbing the apex of the ORR volcano plot via binuclear site construction：electronic and geometric [J]. Journal of the American Chemical Society，2019，141（44）：17763-17770.

第2章 氢氧化反应

2.1 酸性氢氧化反应

氢氧化反应（HOR）是可再生能源转换技术中的关键反应，主要应用于低温燃料电池中，通过电化学反应将氢中的化学能转换为电能，这一技术是实现清洁无污染目标的希望。尤其在酸性环境中，HOR 更具有吸引力。经过半个多世纪的发展，虽然质子交换膜燃料电池（PEMFC）和阴离子交换膜燃料电池（AEMFC）都可以提供高峰值功率密度（＞2.5 W·cm^{-2}）[1]，但是最好的 PEMFC 可在数千小时内稳定运行[2]，而 AEMFC 由于阴离子交换膜（AEM）的低稳定性和 CO$_2$ 在高 pH 值溶液中的高溶解度，耐久性较差（数百小时）[3]。并且 HOR 在酸性环境下具备更快的动力学过程，比在碱性介质中快两个数量级。然而，在酸性体系下 HOR 更加依赖于昂贵稀缺的 Pt 族金属及其氧化物。因此，近年来研究人员集中在对酸性氢氧化的反应机理、高性能高稳定性的低贵/非贵催化剂开发、经济规模化应用发展的探索。

本节将介绍酸性氢氧化的反应机理、描述氢氧化反应的一些术语与概念。此外，还系统地讨论了酸性氢氧化电催化剂的难点，并总结了酸性氢氧化电催化剂的种类与研究进展。最后，对 CO 抗毒化问题进行了深入探讨，包括毒化的机理、预防的策略以及目前的学术进展。

2.1.1 酸性氢氧化的反应机理

HOR 的本质是析氢反应（HER）的逆向过程，与 HER 的机理类似，在酸性条件下，氢气吸附在阳极催化剂上，发生氧化反应：

$$H_2 \longrightarrow 2H^+ + 2e^- \tag{2.1}$$

反应（2.1）被认为由三个基元步骤中的两个（Tafel-Volmer 或者 Heyrovsky-Volmer）组成。

Tafel 步骤：

$$H_2 + 2M \longrightarrow 2M—H_{ad} \tag{2.2}$$

Heyrovsky 步骤：

$$H_2 + M \longrightarrow M—H_{ad} + H^+ + e^- \tag{2.3}$$

Volmer 步骤：

$$M—H_{ad} \longrightarrow H^+ + e^- + M \tag{2.4}$$

其中，M 为催化剂上的活性位点；H_{ad} 为吸附在活性位点上的氢。

根据决速步（RDS）的不同，HOR/HER 有四种不同的机制，表 2-1 中列出了各个机理的动力学表达式和相应的 Tafel 斜率（TS）[4]。在 Tafel 步骤为决速步的 Volmer-Tafel（RDS）机理（Ⅱ）中，动力学过程不遵循 Butler-Volmer 方程，这是由于 Tafel 步骤是一个没有涉及电荷转移的化学反应，因此 i_k-E 关系显示出 $30\ mV·dec^{-1}$ 的 Tafel 斜率。在 Volmer-Heyrovsky 机理（Ⅲ和Ⅳ）中，Butler-Volmer 图显示出非对称结果，这种不对称现象是由于在决速步反应之前或之后的步骤中有电子参与。当 Volmer 步骤为 RDS（Ⅲ）时，HOR 的 Tafel 斜率为 $39\ mV·dec^{-1}$；当 Heyrovsky 是 RDS（Ⅳ）时，HOR 的 Tafel 斜率为 $118\ mV·dec^{-1}$。值得注意的是，Volmer(RDS)-Tafel 机理（Ⅰ）和 Volmer-Heyrovsky（RDS）机理（Ⅳ）的 Tafel 斜率具有相同的值（$118\ mV·dec^{-1}$，298 K），使两者难以区分，此时就需要结合其他数据进一步确定 HOR 的机理。在机理（Ⅰ）中，Butler-Volmer 图显示出对称的 i_k-E 关系，而机理（Ⅳ）中 i_k-E 则显示非对称结果。

表 2-1　HER/HOR 的动力学表达式[4]

机理（决速步）	动力学表达式	Tafel 斜率（HER）	Tafel 斜率（298 K）/ (mV·dec⁻¹)（HER）	Tafel 斜率（HOR）	Tafel 斜率（298 K）/ (mV·dec⁻¹)（HOR）	B-V 曲线
Ⅰ：Volmer（RDS）-Tafel	$i = 2i_0\left[-e^{\frac{-\alpha F}{RT}\eta} + e^{\frac{\beta F}{RT}\eta}\right]$	$-\dfrac{2.303RT}{\alpha F}$	118	$\dfrac{2.303RT}{\beta F}$	118	
Ⅱ：Volmer-Tafel（RDS）	$\eta = \dfrac{RT}{2F}\ln\left(1+\dfrac{i}{i_T}\right)$	$-\dfrac{2.303RT}{\alpha F}$	30	$\dfrac{2.303RT}{2F}$	30	—
Ⅲ：Volmer（RDS）-Heyrovsky	$i = 2i_0\left[-e^{\frac{-\alpha F}{RT}\eta} + e^{\frac{(1+\beta)F}{RT}\eta}\right]$	$-\dfrac{2.303RT}{\alpha F}$	118	$\dfrac{2.303RT}{(1+\beta)F}$	39	
Ⅳ：Volmer-Heyrovsky（RDS）	$i = 2i_0\left[-e^{\frac{-(1+\alpha)F}{RT}\eta} + e^{\frac{\beta F}{RT}\eta}\right]$	$-\dfrac{2.303RT}{(1+\alpha)F}$	39	$\dfrac{2.303RT}{\beta F}$	118	
Ⅴ：扩散控制	$\eta_d = -\dfrac{RT}{2F}\ln\left(1-\dfrac{i_d}{i_{l,a}}\right)$	—	—	$\dfrac{2.303RT}{2F}$	30	—

2.1.2　酸性氢氧化电催化剂

迄今为止，Pt 基催化剂是最常用的 HOR 催化剂，氢气在 Pt 活性位点上氧化的动力学过程非常快。然而，Pt 金属高昂的成本以及稀缺性阻碍了燃料电池的实际应用。另外，Pt 表面极易被 CO 毒化，当氢气中含有 1%的 CO 时，Pt 金属超过 95%的活性位点就会被 CO 吸附，从而导致催化剂失活和燃料电池性能下降。因此，研究者的工作主要集中在以下两个方面：①通过提高催化剂质量活性来降低 Pt 的用量，或者开发无铂族金属（PGM）催化剂来降低成本；②制备抗 CO 毒化催化剂来提升催化剂抗毒化性和稳定性。

在酸性条件下可以稳定存在的催化剂选择并不多，大多数金属和化合物在酸中会溶解。下面总结了近年来在酸性体系中催化剂发展的最新进展。

Pt 基 HOR 催化剂极易吸附氢，在 PEMFC 中有望实现超低负载的 Pt/C 催化剂，这在一定程度上阻碍了在酸中进一步寻找成本低廉的其他 HOR 电催化剂[4]。强酸性环境也限制了 HOR 催化剂的选择，在酸性环境中绝大多数都是使用贵金属催化剂。

一些研究集中在通过设计各种纳米结构进一步实现低 Pt 目标。Elbert 等[5]改变 Ru 核外的 Pt 壳层厚度，使 Pt 的质量活性在 $HClO_4$ 酸性电解液中比 Pt 纳米粒子的质量活性高出了 2 倍。Hunt 等开发了低成本的金属碳化物 WC 核[6]和 TiWC 核[7]Pt 壳纳米粒子催化剂，用于酸性 HOR，其质量活性提高了一个数量级，增强的 HOR 活性归因于表层 Pt 经中心金属碳化物改性后具备了更加合适的氢吸附能。与此相似，双金属合金已被开发用于酸性 HOR，如 Wang 等开发的 PtRu 催化剂[8]，Lu 等开发的 PtNi 催化剂[9]和 Ohyama 等开发的 RuIr 催化剂[10]，与 Pt 相比均显示高出几倍的 HOR 活性，这均得益于双金属之间的电子效应，可以改变催化剂表面性质以得到合适的氢吸附。Scofield 等[11]开发了适用于酸性 HOR 的 Pt、PtCu、PtRu、PtCo、PtFe、PtAu 纳米线，并发现除 PtCu 外，与 Pt 纳米线相比，氢结合能（HBE）减弱的 PtRu、PtCo 和 PtFe 催化剂均增强了 HOR 活性，而 HBE 增强的 PtAu 催化剂则导致 HOR 活性降低。

酸性 HOR 的腐蚀环境下非贵金属催化剂很难稳定存在。Haslam 等[12]报道了一种 Ni-C 纳米结构的 HOR 催化剂，其中 Ni 纳米颗粒（NPs）被少量层状石墨碳包裹，由于碳层钝化，在 1.5 $mol·L^{-1}$ H_2SO_4 溶液中显示出较小的极化电流密度。这种方法为提高非 PGM 电催化剂的长期耐久性提供了一条可行的途径。Hayden 及其同事[13]合成了一系列非晶态 CuW 合金，CuW 合金的形成改变了费米能级下的态密度（DOS），发现在 HOR 电位区域内，由于氧覆盖在催化剂上，80 at%（原子分数）Cu 对 HOR 没有活性，表明保持金属催化剂的金属性质对 HOR 的高活性和长期耐久性至关重要。Koel 等[14]通过用氮等离子体处理氢氧化铪，报道了一种含氮的 Hf 氧化物（HfN_xO_y），发现其 HOR 区域的性能类似于 Pt，表明其具备高活性。

Zeng 等[15]报道了在酸性介质中通过镍掺杂激活 MoO_2 的 HOR 性能，Ni 掺杂

剂占据 MoO_2 中 Mo 原子的位置,导致相邻 O 原子上的电子缺失,O 原子作为氢吸附位点,镍的掺入增加了质子亲和力,$Ni\text{-}MoO_2$ 显示出明显的 HOR 电流,但是性能与 Pt 仍有差距。Artero 及其同事[16]开发了与石墨烯酸(GA)结合的镍基精氨酸衍生物$[Ni^{II}(P_2{}^{Cy}N_2{}^{Arg})_2]^7$(NiArg),发现 HOR 电流随 GA 负载量的增加而增加。到目前为止,在酸性介质中,对 HOR 的非贵金属电催化剂报道并不多。传统贵金属基电催化剂上的 HOR 动力学非常高,因此开发具有类似活性的非贵金属电催化剂难度很大。另外,酸性环境限制了材料的选择。大多数非贵金属在低 pH 条件下会快速腐蚀,而非金属材料通常缺乏 HOR 活性中心[17]。

2.1.3　酸性氢氧化电催化剂的抗毒化研究进展

作为阳极进料的氢气可能含有 CO、CO_2、H_2S 及氯离子等杂质,即使是微量存在,也会严重影响燃料电池的性能。燃料电池中的燃料杂质带来的问题主要集中在燃料质量和阳极催化剂层。目前商业上可以购买到纯度超过 99% 的氢燃料,然而,PEMFC 对杂质的敏感度要比这高得多,甚至微量的 CO 或 H_2S 也能迅速损坏燃料电池。另外,在 PEMFC 实际运行时,空气中的污染物也不容忽略,它们会毒化阳极催化层(HOR 催化剂),空气污染物并不局限于有限的种类,它们高度依赖于地区和现有的空气污染源,这一问题对于移动式燃料电池(如燃料电池汽车)比固定式燃料电池更为严重。在这些污染物中,影响最大的就是 CO,因此,下面主要从 CO 抗毒化方面来进行介绍。

Matsuda 等[18]进行了一系列实验,以阐明微量 CO 毒化是否会影响车用 PEMFC。他们在负载 0.11 $mg\cdot cm^{-2}$ Pt 的 Pt/C 催化剂上进行了实验,活性面积为 25 cm^2,电流密度为 1000 $mA\cdot cm^{-2}$,结果表明即使在 CO 浓度只有 0.2 ppm(ppm 为 10^{-6})的环境中,稳态下的电位下降了 29 mV,浓度增高,性能下降会更加严重。Chen 等[19]研究了 PEM 燃料电池在重整气体下运行的状况,发现在 30 A 的电流下,CO 含量达到 10 ppm 会造成约 9% 的电压损失,继续增加到 50 ppm 和 100 ppm 时,电压损失的幅度分别增加到约 27% 和 94%。Lu 等[20]在 50~1000 ppm CO 范围内考察了阳极催化剂为 PtRu 的 PEMFC 性能。结果发现,只要向阳极进料中注入 50 ppm 的 CO,电池输出功率就会损失 64%。

质子交换膜燃料电池的氢氧化过程抗 CO 毒化问题,主要有三种思路:一是提供高纯氢气,利用无污染的制氢工艺(水电解制氢)来替代有副产物生成的传统制氢方式(甲烷重整制氢以及煤气化制氢)或在 PEMFC 上游端口增加净化 CO 工艺,但是这种策略往往需要耗费更多的人力物力,提升 PEMFC 的成本。并且催化剂对 CO 往往特别敏感,在低浓度的 CO(10^{-5} 量级)存在时,也会造成污染,催化剂表面也容易中毒,从而导致严重的阳极极化,使得催化性能显著下降,这无疑进一步增加了难度。二是通过阳极注氧以实现 H_2 中 CO 到 CO_2 的转变,在燃料电池中添加氧化剂（如 O_2、H_2O_2）,使其与 CO 发生氧化反应,降低 CO 的含量。但是这种方法也存在缺陷,氧化剂在与燃料混合的情况下,会产生安全隐患,并且反应放热会导致质子交换膜被破坏以及催化剂性能衰减甚至失活。三是从催化剂本身入手,通过对贵金属进行化学改性处理制备抗 CO 毒化的催化剂,使其不易被 CO 吸附,解决毒化问题。

2.1.3.1　氢气预纯化处理

传统的制氢工艺主要有蒸汽甲烷重整（SMR）、煤气化、水电解制氢三大类,前两者是主要的制氢来源,承担了 95% 的生产任务,其中蒸汽甲烷重整具有成本低、效率高、原料易得等优点,是最常用的制氢方法[21]。然而制氢的同时会伴随气体副产物的生成,SMR 气体产物有 H_2、CO、CO_2、N_2 和 CH_4 等。面对氢气高纯度的需求,水电解制氢就成了最优的解决方案,但由于其成本高于甲烷重整与煤气化工艺,而且尚未大规模普及,因此从经济角度出发一般选择进行纯化处理。

氢气预纯化 CO 处理方法大致可以分为物理方法和化学方法两类。物理方法包含变压吸附（PSA）法和气体膜分离法,PSA 的原理是通过增加或减小压力对不同的气相组分进行分离,但是实际操作复杂,效率低;膜分离法原理是利用不同气体分离膜对气体的透过率不同进行分离,但是高纯度分离对气体分离膜有很高的要求,成本高昂。化学方法可以分为 CO 甲烷化与 CO 二氧化碳化等,顾名思义,前者是将 CO 与 H_2 进行反应,生成甲烷,但是在反应过程中会造成 H_2 损耗以及逆水煤气变换副反应的进行,不利于纯化工艺;后者往往通过优先氧化 CO （preferential oxidation of CO,PROX,$CO + 1/2O_2 \rightarrow CO_2$）转化为 CO_2 实现纯化目的。与甲烷化相比,不会消耗 H_2,更加适合我们的抗毒化,这一技术也被用于小型便携式燃料电池以及车载燃料电池。

这一过程往往需要专门的催化剂,目前国际上常用的 CO 氧化催化剂集中在贵金属（Pt、Ir、Ru、Pd 以及 Au）,主要由单原子分散的金属中心与金属氧化物载体相互作用组成。由于其独特的螯合结构,孤立的金属位点表现出独特的低 CO 吸附能,而氧化物提供或促进 O_2 解离吸附[22]。目前 CO 氧化机理主要分为有晶格氧参与的 Mars-van Krevelen（MvK）机理和无晶格氧参与的 Langmuir-Hinshelwood（L-H）机理,但无论哪一种机理,其实都是利用催化剂对 H_2 和 CO 中的 CO 具有较强吸附能力来实现优先氧化 CO,需要注意的是,这两种机理都需要 O_2 参与。然而在 PEMFC 连续运行时环境温度可达 80℃,目前大部分的 PROX 催化剂都是在低温下才能维持高催化活性和稳定性。

2.1.3.2　抗 CO 毒化催化剂

当含 CO 污染物的 H_2 作为燃料通过 Pt 催化剂层时，反应机理分为以下四个步骤：H_2 吸附、H_2 电氧化、CO 吸附和 CO 电氧化。污染物或杂质的存在使催化剂层上的反应偏移了主要反应路径，即 H 的解离吸附（$H_2 + 2M \longrightarrow 2M—H_{ad}$，Tafel）和 H 的电化学氧化（$M—H_{ad} \longrightarrow H^+ + e^- + M$，Volmer）。

CO 中毒的严重程度是通过 CO 分子在催化剂上的吸附率来衡量的。Pt 是 PEM 燃料电池中应用最广泛的催化剂。在低温下，CO 更容易吸附在 Pt 上。因此，为了缓解毒化现象，研究人员开发了新的催化剂，这些催化剂通常被称为抗 CO 毒化催化剂。抗 CO 毒化催化剂通常是 Pt 与 Ru、Sn、Co、Cr、Fe、Ni、Pd、Os、Au、W、Mo 和 Mn 等的结合，Pt 与这些元素结合可以实现双功能[23]。

许多研究集中在催化剂表面的 CO 和 H_2 的电氧化。其中研究最广泛的催化剂是碳载体 PtRu（PtRu/C），其研究早在 20 世纪 60 年代就已广泛开展。Bockris 等[24] 开展了早期的研究，在电催化甲醇时对比了铂黑和贵金属合金的催化作用。他们比较了甲醇在不同催化剂上的催化活性，发现 PtRu 的催化活性可以与铂黑相当，最佳组合为 Pt-20%Ru。此外，他们的研究还表明，Ru 与其他贵金属如 Pd、Ir 和 Rh 结合使用可以产生比铂黑更高的催化剂活性。因此，大量的工作都集中在 PtRu 催化剂上[23, 25-29]。Gasteiger 等[30]利用旋转圆盘电极（RDE）技术实验研究了纯氢和 CO 在 PtRu 合金表面的电氧化。他们研究了温度对 Pt、Ru 和 PtRu 合金表面上 H_2 和 CO 电氧化的影响。在室温下，纯 Pt 和 PtRu 合金表面的氢氧化速率都非常快，然而纯 Ru 的氢氧化速率很慢；温度上升后，会激活 Ru 电极，H_2 氧化速率也随之提高。此外，他们还发现，50%合金时具有最大的电流密度。

Santiago 等[28]研究了 Ru/C 和 PtRu/C 催化剂在阳极中 CO 的耐受性，他们使用燃料为 H_2 和 100 ppm CO 的单电池，结构如图 2-1（a）所示，发现由 Pt/C 构成的阳极与 Nafion 浸渍的 Ru/C 层接触后出现振荡电压。他们将这种现象归因于 Ru/C-Pt/C 界面上含氧 Ru 活性物种的振荡形成和消耗。在如图 2-1（b）和（c）所示的结构中，他们观察到明显的 CO 毒化现象，这与不添加电解液有关，其阻碍了活性氧化钌物种的产生。

尽管许多研究表明双功能机制是提高 PtRu 催化剂催化活性的主要因素，但在文献[27]中，Petrii 建议重新考虑这一发现。Petrii 查阅了 500 多篇关于理解 PtRu 电极催化作用的研究论文。研究论文主要分为三个阶段：发现后的初期阶段、基本趋势的观察和分类阶段以及结合材料、机理和应用方面的先进应用研究对电催化现象的纳米结构研究和分子水平的考虑阶段。Petrii 认为，描述 PtRu 催化剂上电催

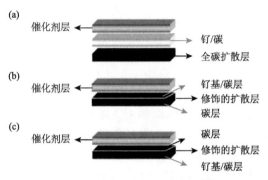

图 2-1　气体扩散电极的结构[28]

（a）具有中间层 Ru/C 和 Pt/C 催化剂层的常规结构；（b）与催化剂层接触面为 Ru/C 或 RuO_xH_y/C 改性后的气体扩散层；（c）在催化剂层的另一侧（气体侧）具有 Ru/C 或 RuO_xH_y/C 面的改性气体扩散层

化作用的初始分子动力学模拟[31-42]，以及双金属表面 CO 吸附模型，为 PtRu 电极上电催化作用提出了新的理论。Shubina 等[35]通过能量补偿效应解释了 $Pt_2Ru(111)$ 表面结合羟基的流动性。他们认为，—OH 从 Ru 位点转移到 Pt 位点所造成的能量损失由 H_2O 从 Pt 位点转移到 Ru 位点所带来的能量增益补偿。Davies 等[43]早前就提出了这一性质，其被称为溢出机制。

PtRu/C 催化剂是为数不多的耐 CO 催化剂之一，由于其高性能而引发人们对它进行了广泛的研究。反应动力学过程如下：

$$CO + Pt \rightleftharpoons Pt—CO \tag{2.5}$$

$$Ru + H_2O \rightleftharpoons Ru—OH + H^+ + e^- \tag{2.6}$$

$$Pt—CO + Ru—OH \rightleftharpoons Pt + Ru + CO_2 + H^+ + e^- \tag{2.7}$$

反应（2.5）～反应（2.7）假设为双功能理论 PtRu 合金催化剂抗 CO 中毒的主要因素。CO 吸附在 Pt 上，而氢氧根离子吸附在 Ru 上。Enbäck 等[29]建立了稳态模型，模拟了 PtRu/C 催化剂的 CO 中毒反应动力学。将模型预测结果与实验测量结果进行拟合，得到反应动力学参数，他们发现 CO 在 Pt 上的吸附既可以是线性的，也可以是桥接到表面，催化剂层上的吸附如图 2-2 所示。尽管 PtRu 已经被证明是铂黑的强有力竞争者，但使用钌还是有一些缺点。钌的天然丰度较低，价格高昂。此外，Piela 等[44]指出，Ru 的溶解会导致电池性能下降。Ru 的溶解是高活性 PtRu 催化剂本征不稳定导致的。结果表明，在不通过任何电流的情况下，电池中仅存在预先加湿的惰性气体，钌就会溶解。

锡（Sn）广泛用于制备抗 CO 催化剂。Gasteiger 等[45-47]表明 CO 在 $Pt_3Sn(111)$ 上的催化活性要比在纯铂上的催化活性高得多。这一发现也被 Dupont 等[48]利用原子密度泛函理论从第一性原理中证明。氧化动力学计算表明，Pt_3Sn 合金表面具有很好的燃料电池催化活性。根据氧化途径，$Pt_3Sn(111)$ 和 $Pt_3Sn/Pt(111)$ 表面的活化能垒实际上比 Pt(111) 表面低。事实上，他们发现与 Pt(111) 表面相比，速率常数增加了 2~4 个数量级。虽然 CO 在 Pt-Sn 电极上的氧化活性很高，但其反应动力学尚未完全了解。

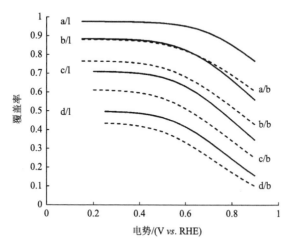

图 2-2　Pt 上 CO_{ads} 的模拟覆盖率，模型为线性结合的 CO_{ads}，实线（/l）；桥式结合的 CO_{ads}，
　　　　虚线（/b）。a~d 对应于 10%、1%、1000 ppm 和 100 ppm CO[29]

　　Garcia 等[49]研究了钯（Pd）作为阳极催化剂的使用。他们研究了 PdPt/C、PdPtRu/C、Pd/C 和 Pt/C 催化剂的电化学性能。在 PEM 燃料电池中，测量了催化剂对 CO 的耐受性，该电池以 100 ppm 的 CO 为燃料，阳极金属含量为 0.4 mg·cm^{-2}。极化曲线显示 PdPt/C 和 PdPtRu/C 催化剂对 CO 的耐受性较高。

　　纯氢下的单燃料电池极化曲线表明，与 Pt/C 相比，Pd/C 的电池性能明显下降。然而，PdPt/C 和 PdPtRu/C 电极的性能实际上与 Pt/C 相同，即使这些电极中的 Pt 含量很低。他们的发现与文献[50，51]中的数据一致，通过含 100 ppm CO 的氢气燃料，阳极的稳态极化曲线显示，与 PdPt/C 和 PdPtRu/C 电极相比，Pd/C 和 Pt/C 电极 CO 耐受性很差。他们认为，由于 Pd 和 Pt 原子之间的电子相互作用较小，与体相 Pd 相比，在 PdPt/C 表面的 Pd 层可以更好地吸附 H_2 和 CO。他们发现，PdPt/C 催化剂测试时，阳极出口没有 CO_2 生成，因此，性能的提高与 PdPt/C 催化剂的 CO 覆盖更少有关，HOR 发生在该层的空位中。而 PdPtRu/C 催化剂测试时阳极出口存在 CO_2，双功能机制被认为是抗 CO 毒化的主要原因。Papageorgopoulos 等[52]研究了二元和三元催化剂的形成，测试了 Mo、Nb 和 Ta 分别与 Pt 和 PtRu 组成的二元和三元催化剂，负载碳并加入 Nafion 进行测试。结果发现，与 Pt/C 和其他二元体系相比，由碳负载的 PtMo（原子比为 4:1）组成的阳极催化剂具有更强的 CO 耐受性。然而，它的表现并没有超过 PtRu/C。他们认为这可能是由催化剂的制备过程造成的。最后，他们得出结论：与PtRu/C相比，Mo的添加使催化剂具有更高的电催化活性，是更好的选择。在文献[53-63]中也研究了其他二元和三元催化剂的形成。

铁和钨通常被添加到铂催化剂中。Igarashi等[64]开发了碳负载PtFe催化剂，观察到当电池氢燃料进料中含有100 ppm CO时，催化剂具备良好的电化学性能。在电流密度为$1\ \mathrm{A \cdot cm^{-2}}$时，与纯氢相比，过电位损失为250 mV。他们发现CO耐受性是通过双功能机制实现的。文献[65-67]研究了钨作为抗CO中毒催化剂。

虽然Pt与其他贵金属的合金策略已经被证明是很有前途的，但近年来非Pt阳极催化剂因价格低廉、耐污染性强而受到广泛关注。文献[53, 66, 68-85]研究了各种催化剂的催化活性。活性受比表面积、粒径、内在性质和制备方法等因素的影响。Wang等[73]制备了一种Au/ZnO催化剂，通过调控Au的量来研究催化剂的CO耐受性。结果表明，当Au含量增加到1%（质量分数）时，在CO氧化期间，催化剂的活性增加，持续增加到1.5%时，性能达到最高值。确定Au(1.5)/ZnO催化剂的最佳煅烧温度为573 K，还在573 K温度下对Au(1.5)/ZnO催化剂进行了500 h以上的稳定性测试，发现350 h后性能略有下降。为了提高催化剂的稳定性，对催化剂进行了Pt掺杂，发现最佳铂含量为1%（质量分数），之后再继续增加Pt后性能没有进一步改善。Haruta[72]总结了金颗粒的吸附性能和反应性，包括金颗粒的尺寸和从块状到颗粒、团簇和原子的依赖性。结果表明：金以直径小于5 nm的半球形超细颗粒沉积在特定的金属氧化物上，在CO的氧化中表现出很高的活性和选择性。负载金通过Au/金属氧化物界面作为活性位点，激活至少一种反应物。

前面都是从实验上进行介绍的，Nørskov等[33, 86, 87]利用密度泛函理论（DFT）开发了抗CO毒化的新合金催化剂。DFT利用量子力学理论研究了系统的电子结构对电子密度的影响，利用该方法可以研究催化剂的位置，即催化剂的结构。为了开发出可以抗CO毒化的结构，考虑了CO和H_2的反应动力学，这些动力学简单地描述为CO和H_2吸附的竞争。合金的最佳组合需要同时满足：具有比Pt合金更高的耐CO性，还要具有比纯Pt更弱的CO吸附能，同时依旧具备可以解离H_2的能力。

CO和H_2的吸附能用于描述表面离解结合H_2和CO的能力$[-(1/2)\Delta E_{H_2} + \Delta E_{CO}]$[84, 87]。对于吸热反应，吸附能为负，因此，当催化剂的$-(1/2)\Delta E_{H_2} + \Delta E_{CO}$值大于Pt的值时，说明CO吸附被$H_2$吸附取代，表明此催化剂表面比Pt更抗CO毒化。通过DFT，Christoffersen等[87]研究了不同的金属，他们认为，将Pt换成另一种完全不同的金属是很困难的，因为Pd是仅次于Pt的最佳选择。他们研究各种过渡金属对CO的吸附，最好的可能性是使Pt或Pd的反应性稍微降低，或者令其他金属的活性大幅度降低。通过理论计算，得出合金应具备的性能总结如下[87]：

（1）对 CO 的吸附能力应比 Pt 弱，但不能太弱，因为这意味着吸附 H_2 的能力也很弱。

（2）如果材料表面很不活泼，H_2 分解可能需要更高的能量；因此，H_2 的吸附速率也会受到限制[88]。

（3）所有涉及的金属都不能形成稳定的氧化物，因为这些金属的合金暴露于氧或者水中时，会趋于形成氧化物相来隔离反应。

尽管许多耐 CO 催化剂有望减轻 CO 中毒的现象，但如果不与 Pt 结合，较长时间后它们会变得非常不稳定。因此，应将工作重点放在开发既稳定又耐 CO 毒化的催化剂上。此外，还应从理论计算方面开展进一步的工作，阐明抗 CO 毒化催化剂的基本反应动力学。

2.2 碱性氢氧化反应

目前，质子交换膜燃料电池阴极氧还原反应动力学缓慢，需要高负载的 Pt 贵金属（$0.2 \sim 0.4\ \mathrm{mg_{Pt} \cdot cm^{-2}}$）[89-91]。因此，缺乏高稳定性、高活性、低成本的阴极电催化剂，制约了质子交换膜燃料电池的商业化运用[92, 93]。阴离子交换膜燃料电池可以使用无贵金属的氧还原电催化剂，其活性和耐久性类似或者优于 Pt 基催化剂[94-98]。然而，阳极方面出现了严重的挑战，即使使用商业 Pt/C 电催化剂的情况下，阴离子交换膜燃料电池氢氧化反应动力学也比质子交换膜燃料电池低两个数量级[99]。因此，对碱性氢氧化反应缓慢的原因、碱性氢氧化反应电催化剂的评价、活性描述符的研究，以及经济有效的碱性氢氧化反应电催化剂，特别是非 Pt 电催化剂的开发，近年来引起了科研工作者的广泛关注。

本节首先介绍了近年来关注度较高的碱性氢氧化的反应机理，接下来总结了碱性氢氧化反应电催化剂的测试方法，重点介绍了碱性氢氧化反应电催化剂的测试条件，目的是提供一种标准和通用的评价方法。最后，总结了碱性介质中不同类型的氢氧化反应电催化剂，包括贵金属基和非贵金属基电催化剂，并根据尺寸、形貌、组成和载体进行了分类。

2.2.1 碱性氢氧化的反应机理

碱性氢氧化电催化剂的合理设计和合成有赖于对反应机理的深入研究。碱性介质中氢氧化总反应方程式如下[100]：

$$H_2 + 2OH^- \rightarrow 2H_2O + 2e^- \qquad (2.8)$$

1）基元步骤

在碱性介质中，通常认为氢氧化反应通过 Tafel-Volmer 或者 Heyrovsky-Volmer

机制进行。碱性氢氧化反应的基元步骤如下：

$$H_2 + 2M \rightarrow 2M - H_{ad} (Tafel) \tag{2.9}$$

$$H_2 + OH^- + M \rightarrow M - H_{ad} + H_2O + e^- (Heyrovsky) \tag{2.10}$$

$$M - H_{ad} + OH^- \rightarrow H_2O + e^- + M (Volmer) \tag{2.11}$$

其中，M 为与氢原子亲和度较高的表面活性位点；H_{ad} 为吸附的氢原子。

　　到目前为止，对碱性介质中氢氧化反应的路径仍然存在较大的争议，大致可以分为两类，即自由基·OH 参与的路径[5, 99, 101-103]和电催化剂表面吸附 OH_{ad} 参与的路径[104-106]，如图 2-3 所示。

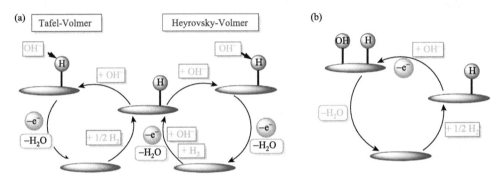

图 2-3　自由基 OH· 参与（a）和表面吸附 OH_{ad} 参与（b）的碱性 HOR 路径[107]

2）自由基 OH· 参与的路径

　　碱性氢氧化反应过程可以被认为是 Tafel-Volmer 或者 Heyrovsky-Volmer 基元步骤的简单组合。三种基元反应都可能成为速率控制步骤，Tafel 斜率是判断速率控制步骤的简单量化指标。Tafel 斜率为 30 mV·dec^{-1} 左右表示 Tafel 基元反应控制，Tafel 斜率为 120 mV·dec^{-1} 左右表示 Volmer 或 Heyrovsky 基元反应控制[108-111]。通过密度泛函理论计算的标准活化能可以直观比较基元反应的难易程度，例如 KOH 水溶液中 Pt 基催化剂的氢氧化反应通过 Heyrovsky-Volmer 路径，计算得到 ΔE（Volmer）＜ΔE（Heyrovsky），可知速率控制步骤为 Heyrovsky 基元反应[99]。通过测量得到的电荷转移电阻可以判定 Volmer 是否为速率控制步骤。在碱性介质中 Heyrovsky 和 Volmer 反应可能不随 pH 条件而变化，例如 Pt/C 上的 HOR 是由基于 H_{upd} 电荷转移电阻的 Volmer 反应控制的，其值为 13～54 Ω·cm^{-2}[112]。

　　其他的指标还包括反应速率、传递系数（即 Butler-Volmer 方程中的 α）等[5, 91, 101, 102, 113, 114]。正如上面所讨论的，不同的速率控制步骤标准可能会导致不同的答案，需要进行尽可能多的电催化剂的比较以得出明确的结论。对于许多电催化剂速率控制步骤的确定，如果标准都是一致的，那么选择任何参数都是可行的。否则，需要排除一个或者多个不合适的参数。

3）表面吸附 OH_{ad} 参与的路径

对于表面吸附 OH_{ad} 参与的路径同样适用 Tafel/Heyrovsky-Volmer 机制。讨论主要集中于 OH_{ad} 的作用而不是速率控制步骤的确定。

如图 2-4 所示，Strmcnik 等[106]进行了 Pt、Ir 两种金属表面电极随 pH 值变化的电化学研究。在 pH = 9～11 区间内，Pt(111)和 Ir-poly 的两个传质依赖的平台清晰可见，这表明总电流受两种不同物质的影响。随着 pH 值降低，第一扩散限制电流减小，即 OH^- 在碱性 HOR 中发挥了重要作用。Ir 显示出比 Pt 更高的碱性 HOR 活性，可能是因为 Ir 具有更高的亲氧性，吸附在 Ir 表面的一定量的 OH_{ad} 对去除氢中间体（H_{ad}）起重要作用。通过比较 $Pt_{0.1}Ru_{0.9}$ 和 $Pt_{0.5}Ru_{0.5}$ 也证实了 OH_{ad} 的功能，前者碱性 HOR 的活性比后者高 2 倍，因为含有更多的亲氧性金属 Ru。

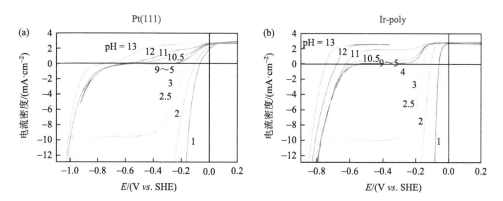

图 2-4 Pt(111)（a）和 Ir-poly（b）在 1600 r·min^{-1} 转速和 50 mV·s^{-1} 扫描速率下测得的 pH 依赖性极化曲线[106]

2.2.2 碱性氢氧化电催化剂的测试方法与电化学评价

2.2.2.1 测试方法

旋转圆盘电极（RDE）技术是用于液体电解质中包括碱性 HOR 电化学研究的最常用的实验技术。应用著名的 Levich 和 Koutechy-Levich 方程[99, 115, 116]，可以校正测量的电流（I）和电势（E）的极化曲线，包括①电解质中的欧姆降（在 RDE 设备中通常是 10～20 Ω，具体取决于电解质的性质和浓度）和②极化过电位（由于 H_2 扩散限制）。当将 RDE 应用于 HOR 反应（有时是准可逆反应，取决于催化剂和电解质的 pH 值）时，注意无法评估交换电流密度（i_0）等于或者高于扩散限制电流密度（i_{lim}）的催化剂的 HOR 活性。例如，由于酸性电解质中 Pt 非常高的交换电流密度值，即使在非常低的过电位下，RDE 中的反应速率也会受到电解质中氢气向电极扩散的限制。测得的极化曲线仅仅反映与动力学无关的氢浓差极化。

$$\eta_{\text{diffusion}} = \frac{RT}{2F} \ln\left(1 - \frac{i}{i_{\text{lim}}}\right) \qquad (2.12)$$

RDE 方法的上述限制对碱性介质中 PGM 基催化剂,尤其是非 PGM 基 HOR 催化剂不太重要,因为活性较低。将来,针对碱性电解质中的高活性 HOR 催化剂,其交换电流密度值太高而无法使用 RDE 技术[117],可以使用瞬态技术(如快速电位动力学扫描[118])和其他允许更高质量传输的稳态方法(如微电极[117])。针对液体和固体电解质条件下开发的空腔微电极技术同样适用于粉末催化剂的HOR 动力学评估[119, 120]。

其他 RDE 技术的替代方法还包括浮动电极技术[121]和电化学氢泵单电池[122]等。浮动电极技术将燃料电池中气体扩散电极的高传质特性与均质的催化剂沉积过程相结合,在聚碳酸酯刻蚀膜表面形成 16 $\mu g_{\text{Pt}} \cdot cm^{-2}$ 和 200 nm 的均匀 Pt 层。由于 Pt 表面氧化物形成和阴离子吸附,HOR 极化曲线揭示了扩散限制电流范围内的精细结构和大于 0.36 V 电位后的电流衰减。电化学氢泵单电池即阳极涂有 HOR 催化剂(对于 PGM 基催化剂,超低载量,如 3 $\mu g_{\text{Pt}} \cdot cm^{-2}$)和阴极涂有高负载的 Pt/C(0.4 $mg_{\text{Pt}} \cdot cm^{-2}$)的阴离子交换膜燃料电池,用于研究 HOR 动力学[123, 124]。

2.2.2.2　电化学活性表面积

电催化剂的电化学性质一般通过循环伏安法(CV)在 N_2 或者 Ar 饱和的碱性溶液中进行研究。大多数文献基于 CV 双电层校正后的欠电位沉积氢(H_{upd})区域以确定 PGM 电催化剂的电化学活性表面积(ECSA)。欠电位沉积铜(Cu_{upd})、CO 吸附-解吸法、OH^- 解吸法(多用于非贵金属电催化剂)、Pd-O 还原法和 Au-O 还原伏安法等替代方法也可用于测定碱性 HOR 电催化剂的 ECSA。

在某些特殊情况下碱性 HOR 电催化剂的 ECSA 是在酸性介质中计算的。例如,根据欠电位沉积氢(H_{upd})计算商业 Pt/C 的 ECSA,发现其在碱性介质中[99]测得的 ECSA 远低于在酸性介质中[102]测得的 ECSA。这种偏差可能来源于碱性介质中 OH^- 的存在影响了 H_2 的吸附/解吸[103, 125]。此外,不同方法,如 H_{upd}、CO 吸附-解吸法等,测得的电催化剂的 ECSA 值不同,使用何种方法和测量值引起了一定的混乱[102]。探索不同电解质或者测量方法记录的 ECSA 值不同的原因无疑是至关重要的。

值得一提的是,测试温度和吸附/解吸峰的选择是影响 ECSA 值的另外两个重要参数,它们可以在很大范围内变化并且导致完全不同的 ECSA 值。

2.2.2.3　动力学电流密度和交换电流密度

除 ECSA 值外，电催化剂的碱性 HOR 活性也由以下两个动力学参数判定，包括固定电位下的动力学电流密度 j_k 和与可逆条件下电子转移速率有关的交换电流密度 j_0。j_k 和 j_0 均由电化学阻抗谱（EIS）测量的内阻（iR）校正后的极化曲线计算得出。忽略 iR 校正将导致对碱性 HOR 活性的严重低估和误导性的机械解释。iR 校正方程如下：

$$E_{iR} = E - iR \tag{2.13}$$

其中，E 为测得的电势；i 为相应的电流；R 为内阻；E_{iR} 为经过内阻校正后的电势。

用于评价电催化剂碱性 HOR 活性的极化曲线一般测得于具有一定转速和电位范围的旋转圆盘电极（RDE）上的 H_2 饱和的碱性溶液中。影响极化曲线的因素包括电解质浓度、温度、扫描速率、扫描方向、Nafion 含量、催化剂负载量、转速等[99, 125, 126]。不同测试条件下电催化剂的活性有很大差别，这意味着建立适用于每种碱性 HOR 电催化剂的标准测量方法至关重要。

相同极化曲线确定 j_k 和 j_0 也是可变的。根据极化曲线，j_k 通过以下两种方法计算：①从扩散过电位方程[式（2.14）]获得扩散电流密度（j_d），并通过 Koutechy-Levich 方程[式（2.15）]计算 j_k。②使用修正的 Koutechy-Levich 方程[式（2.16）]计算 j_k。相对于方法②，方法①更简单和通用，因为不需要反应级数 m[101, 127]。

扩散过电位方程：$\eta_d = -\dfrac{RT}{2F}\ln\left(1 - \dfrac{j_d}{j_L}\right)$ (2.14)

Koutechy-Levich 方程：$\dfrac{1}{j} = \dfrac{1}{j_k} + \dfrac{1}{j_d}$ (2.15)

修正的 Koutechy-Levich 方程：$j_k = j\left(1 - \dfrac{j}{j_L}\right)^{-m}$ (2.16)

其中，η_d 为扩散过电位；j_L 为传质极限电流密度，对应于极化曲线的最大电流密度；j 为实测电流密度；m 为氢氧化反应级数；j_L 作为与转速（ω）有关的函数由 Levich 方程给出：

$$j_L = BC_0\omega^{1/2} = 0.62nFD^{2/3}\nu^{-1/6}C_0\omega^{1/2} \tag{2.17}$$

其中，B 为 Levich 常数；C_0 为 H_2 在碱性电解质中的溶解度；n 为 HOR 过程中的转移电子数；F 为法拉第常数；D 为 H_2 的扩散速率；ν 为电解质的运动黏度。

交换电流密度 j_0 可以表示为面积比交换电流密度（$j_{0,s}$，面积比活度）或者质量比交换电流密度（$j_{0,m}$，质量比活度）。从实际费用和资源的角度来看，质量比

活度 $j_{0,m}$ 比面积比活度 $j_{0,s}$ 更具有实际意义，因为贵金属是以质量为标准来衡量的。$j_{0,s}$ 通过 Bulter-Volmer 方程 [式（2.18）] 拟合由 ECSA 归一化的动力学电流相对于动力学电位（η_{k}）获得。

$$j_{k} = j_{0,s}\left(\mathrm{e}^{\frac{\alpha F}{RT}\eta_{k}} - \mathrm{e}^{\frac{(\alpha-1)F}{RT}\eta_{k}}\right) \tag{2.18}$$

其中，α 为传递系数；F 为法拉第常数；R 为摩尔气体常数；T 为热力学温度。

$j_{0,m}$ 通过 Bulter-Volmer 方程拟合由圆盘电极上金属质量归一化的动力学电流相对于动力学电位（η_{k}）获得。$j_{0,m}$ 的计算与 $j_{0,s}$ 相似，转化方程如下：

$$j_{0,m}(\mathrm{A}\cdot\mathrm{g}^{-1}) = j_{0,s}(\mathrm{mA}\cdot\mathrm{cm}^{-2}) \times \mathrm{ECSA}(\mathrm{m}^{2}\cdot\mathrm{g}^{-1}) \times 10 \tag{2.19}$$

在仅偏离平衡电极电位几毫伏的微极化区域内，扩散分量可忽略不计，即 j_{k} 约等于 j。当然，根据电催化剂的碱性 HOR 活性的不同，微极化区域的电位范围也会随之不同[91, 101, 125-128]。在微极化区域内，Bulter-Volmer 方程可以根据泰勒公式展开为如下简化方程，方程斜率即为 j_{0}。

$$j_{k} \approx j = j_{0}\frac{\eta F}{RT} \tag{2.20}$$

在较高过电位（$\eta > 0.05\ \mathrm{V}$）条件下，Bulter-Volmer 方程可以写成 Tafel 方程，进而由方程截距 a 可以求得 j_{0}[91, 108, 129]。

$$\eta = a + b\lg j = \frac{-2.030RT}{\alpha F}\lg j_{0} + \frac{2.030RT}{\alpha F}\lg j \tag{2.21}$$

2.2.2.4 氢结合能和羟基结合能

氢结合能（HBE）和羟基结合能是与电催化剂碱性 HOR 活性直接相关的两个描述符。两种描述符适用范围不同，氢结合能适用于只有 OH⁻ 参与的碱性氢氧化反应，羟基结合能适用于 OHad 参与的碱性氢氧化反应，其中氢结合能在碱性氢氧化反应中起主导作用[101]。Lu 等[9]研究了三种不同组分的电催化剂 Pt/C、PtNi/C 和酸处理后的 PtNi/C（Acid-PtNi/C）的碱性 HOR 机理。根据 XPS 和 CV 表征，PtNi/C 和 Acid-PtNi/C 的氢结合能相似且弱于 Pt/C，与碱性氢氧化的顺序一致。但是 PtNi/C 的羟基结合能比 Acid-PtNi/C 或者 Pt/C 强得多。显然，电催化剂的氢结合能是碱性氢氧化反应的主要因素。商业 PtRu/C 在单电池测试中显示出比商业 Pt/C 高 2 倍的碱性氢氧化活性。PtRu/C 的高活性不能解释为高亲氧性，因为 CO 溶出伏安测试曲线表明在碱性介质中与 PtRu 表面相比，Pt 表面更容易产生羟基。结合 DFT 计算，Hupd 峰的负移表明 PtRu 表面上较低的氢结合能是活性增强的原因[8, 103, 130-132]。

其他观点认为亲氧性和氢结合能共同影响碱性氢氧化活性。例如，Strmcnik 等[106]提出除氢结合能外，碱性氢氧化活性随着亲氧位点（Ir 或者 Ru）的增多而增强。Alia 等[104]和 Aleske 等[105]通过加入 Cu 和 Ni 等亲氧性物质证实了羟基结合能的辅助作用。

迄今为止，碱性氢氧化电催化剂的活性描述符存在一定的争议，未来可以通过使用先进的原位光谱或者成像技术结束这种争议。此外，争议还来源于根据不同标准确定的速率决定步骤。对于传统的碱性氢氧化模型，如果 Tafel 步骤是速率决定步骤，无论电催化剂表面是否形成 OH_{ad}，主要活性描述符都应该是氢结合能；如果 Heyrovsky 或 Volmer 步骤是速率决定步骤且只有 OH^- 参与反应，主要活性描述符也应该是氢结合能；如果 Heyrovsky 或 Volmer 步骤是速率决定步骤且反应过程涉及 OH_{ad}，则氢结合能和羟基结合能都将是活性描述符。当然，传统的碱性氢氧化模型过于简单，有时无法准确确定速率决定步骤，如 H_2 吸附、H_{2ad} 解离、OH^- 扩散、OH_{ad} 形成、HO_{ad}—H_{ad}/HO—H_{ad} 键形成和 H_2O_{ad} 解吸等。因此，为了提高电催化剂的碱性氢氧化活性，确定碱性氢氧化途径和速率决定步骤是必不可少的。

2.2.3　碱性氢氧化电催化剂

在碱性电解质中，即使是活性较高的商业 Pt/C 催化剂，其活性也比酸性介质中低 2 个数量级。所以，开发具有与 Pt/C 相当或更高活性的碱性氢氧化电催化剂是提升燃料电池整体性能的关键。本节将讨论基于 PGM 和不含 PGM 的碱性氢氧化电催化剂的最新进展。

2.2.3.1　贵金属电催化剂

贵金属电催化剂是目前碱性氢氧化电催化剂研究的主流方向，涉及元素包括 Pt、Ru、Ir、Pd、Rh 等。氢氧化活性对碱性介质中电催化剂的结构参数十分敏感[133, 134]，包括尺寸、形态、组成和载体。因此，结构参数的调控被认为是增强基于 PGM 电催化剂碱性氢氧化活性的关键，下面根据不同的结构参数分类讨论。

1）催化活性与粒径的依赖关系

Ru/C 电催化剂的质量比活性和面积比活性随纳米粒子的尺寸变化曲线为火山形状。Ohyama 等[125, 135]通过控制湿化学反应体系的 pH 值合成了不同尺寸的 Ru/C 电催化剂。2～7 nm 系列尺寸的活性研究显示，3 nm 处 Ru/C 电催化剂对碱性氢氧化具有最高的质量比活性和面积比活性。高活性归因于结构特征，即具有粗糙表面和中等比例的不饱和 Ru 原子的 3 nm Ru/C 优于具有明确定义的表面（大于 3 nm 的 Ru/C）和无定型表面（低于 3 nm 的 Ru/C）。

Ohyama 等[125]也研究了 Pt/C 碱性氢氧化活性的尺寸依赖关系。通过 N_2 中在 100～750℃ 条件下对商业 Pt/C 进行热处理，制备了不同尺寸的 Pt/C 电催化剂。结果显示，Pt/C 的质量比活性在约 3 nm 处达到最大值，而面积比活性随粒径的增加而增加并最终达到恒定值。Pt/C 活性随尺寸减小而降低归因于边缘原子的比例增加。

Ir/C 电催化剂的活性随尺寸增加而增加并达到恒定值。Zheng 等[136]通过 Ar 中在 300~800℃条件下对商业 Ir/C 进行热处理，制备了尺寸 3~12 nm 不等的 Ir/C。随尺寸增加而增加的活性可能来源于低指数平面上的 Ir 活性位点，因为低指数平面的比例随纳米粒子尺寸的增加而增加。因此具有高比例低指数平面的 Ir 纳米管（NTs）和纳米线（NWs）比 Ir 纳米粒子（NPs）具有更高的碱性氢氧化活性。

Pd/C 电催化剂活性的尺寸效应类似 Ir/C 电催化剂，随尺寸增加而增加并达到恒定值。不同尺寸的 Pd/C 通过 Ar/H_2 气氛中在 300~600℃条件下对商业 20 wt%（质量分数）Pd/C 进行热处理制备[91]。Pd/C 碱性氢氧化活性在 3~19 nm 的尺寸范围内先增强后恒定，归因于具有活性的小平面和缺陷位点的重新分布。因此具有扩展表面和较少缺陷位点的 Pd 纳米结构，如 Pd 纳米线（Pd NWs）或者 Pd 纳米管（Pd NTs），预计比 Pd 纳米粒子（Pd NPs）具有更高的碱性氢氧化活性[136]。

2）催化活性与形貌的依赖关系

与商用 Pt/C 相比，Pt 纳米线（Pt NWs）具有更强的碱性氢氧化活性，即一维纳米材料可能有利于增强碱性氢氧化活性，归因于晶面片段的存在、更少的潜在缺陷位点和高纵横比[5, 11]。此外，与单纯的纳米粒子相比，核壳结构也有助于增强碱性氢氧化活性，如 Ru@Pt 核壳电催化剂的活性是 Pt/C 的数倍。

3）催化活性与组成的依赖关系

电催化剂的元素组成与碱性氢氧化活性密切相关，大致归因于不同元素具有不同的本征活性。Pt 基合金催化剂的活性变化在于第二元素与 Pt 之间的电子相互作用的改变。例如，Pt_7M_3 合金纳米线（M = Ru、Fe、Co、Cu、Au）用于研究不同化学组分对碱性氢氧化活性的影响[11]。其中，Pt_7Ru_3 NWs 表现出最高的碱性氢氧化活性，Pt_7Co_3 和 Pt_7Fe_3 NWs 也具有比 Pt NWs 高得多的活性，但是 Pt_7Cu_3 和 Pt_7Au_3 NWs 的活性低于 Pt NWs。Pt_7M_3 合金纳米线（M = Ru、Fe、Co）的高活性归因于第二金属改变了 Pt 的电子结构进而提高了 Pt 的本征活性，Pt_7Cu_3 和 Pt_7Au_3 NWs 的低活性归因于第二金属增强了 Pt 表面的氢结合能。

金属表面接近于 0 eV 的氢结合能更有利于增强碱性氢氧化活性。通过采用电子束物理气相共沉积合成了具有不同组分的 Ni-Ag 合金[137]。DFT 计算表明，不同组分的 Ni-Ag 合金具有不同的氢吸附位点，其中一些对碱性氢氧化有利，而另一些则不利于碱性氢氧化。$Ni_{0.75}Ag_{0.25}$ 表面具有接近最佳值 0 eV 的氢结合能，最有利于增强碱性氢氧化活性，同时，$Ni_{0.75}Ag_{0.25}$ 显示出最佳的电化学活性。

第二金属的掺杂有助于电催化剂速率决定步骤的转变。合金 Ru_xPt_y/C 和 Ru_xPd_y/C 通过化学气相沉积合成[108]，其碱性氢氧化活性顺序为 Ru_xPt_y/C＞Pt/C＞Ru_xPd_y/C＞Pd/C。Ru_xPt_y/C 催化剂的 Tafel 斜率为约 30 mV·dec^{-1}，而 Pt/C 和 Ru_xPd_y/C

的 Tafel 斜率分别为约 120 mV·dec^{-1} 和约 220 mV·dec^{-1}。Ru$_x$Pt$_y$/C 的活性增强归因于掺杂的 Ru 降低了活化能，是速率决定步骤由 Pt/C 的 Heyrovsky/Volmer 步骤转变为 Tafel 步骤。

特定比例合金催化剂的碱性氢氧化活性优于单金属或孤立的双金属催化剂。如 Ru$_3$Ir$_2$/C 的碱性氢氧化活性优于由分离的 Ru 和 Ir 纳米粒子组成的 RuIr/C 催化剂[10, 138]，原因在于合金化的 RuIr 纳米粒子的氢结合能低于分离的 Ru 和 Ir 纳米粒子。通过浸渍还原法制备 Ir$_x$Ru$_y$/C 和 Pd$_x$Ir$_y$Ru$_z$/C 系列催化剂研究合金化的作用，其中 Ir$_9$Ru/C 和 Ir$_3$PdRu$_6$/C 催化剂在双金属和三金属体系中表现出最高的活性。具体而言，Pd 的亲氧性低于 Ir，Ru 的亲氧性高于 Ir，Ir 的氢结合能较弱。Pd 和 Ru 与 Ir 合金化弱的氢结合能可以增强碱性氢氧化活性。

第二金属的助催化作用可以提高碱性氢氧化活性。分别通过 Cu 纳米线的部分电置换和完全电置换得到 Pt 包覆的 Cu 纳米线（Pt/Cu NWs）和 Pt 纳米管（Pt NTs）[104, 139]。Pt/Cu NWs 在面积比活性和质量比活性方面明显优于 Pt NTs、Pt/C 和多晶 Pt 电极。Cu 的存在可能增强了 Pt 的电子效应和羟基物质的可用性，有利于碱性氢氧化反应。

4）催化活性与载体的依赖关系

通过将纳米粒子分散在具有高比表面积的导电碳上，科研工作者已经制备了许多碱性氢氧化催化剂。然而，这种类型的电催化剂有一个比较明显的缺点，即纳米粒子与载体之间的相互作用较弱，导致稳定性和活性相对较低。

（1）杂原子掺杂改善碳载体。

为了改善载体与纳米粒子之间的相互作用，可以将其他的杂原子掺杂进碳载体中。例如，Pd-CN$_x$ 电催化剂是在石墨氮化碳纳米片存在下通过超声介导的 PdCl$_4^{2-}$ 与硼氢化钠（NaBH$_4$）还原合成[140]。Pd-CN$_x$ 电催化剂的耐久性和碱性氢氧化活性都优于商业 Pd/C，这归因于 Pd 纳米粒子与 g-CN$_x$ 载体之间的协同作用以及强相互作用。

（2）引入与活性金属强相互作用的金属氧化物。

通过引入 CeO$_2$，相对于 Pd/C 电催化剂，Pd/C-CeO$_2$ 使 HEMFC 的性能提高了 5 倍，面积比活性和质量比活性提高了 20 倍[141]。CeO$_2$ 的存在可能会促进 Pd—H 键减弱，并有利于将 OH$_{ad}$ 从 CeO$_2$ 上转移到 Pd—H$_{ad}$ 以形成 H$_2$O[142]。由于强烈的 Ir-CeO$_2$ 相互作用，耐久性试验后 Ir/C-CeO$_2$ 的初始质量比活性仅损失 0.47%[143]，表明 CeO$_2$ 的存在可能增强碱性氢氧化活性并延迟 Ostwald 熟化和纳米粒子的聚集。

2.2.3.2　非贵金属电催化剂

与 PEMFC 相比，HEMFC 的潜在优势之一是非贵金属电催化剂可以用作碱性氢氧化电催化剂，因为多种类型的非贵金属在碱性电解质中具有高稳定性。目前 Ni 基合金或 Ni 基催化剂被用作碱性燃料电池氢氧化催化剂[144-149]，但是仍未达到令人满意的催化剂性能。因此，科研工作者通过多种方法来提高 Ni 基电催化剂的碱性氢氧化活性以替代贵金属催化剂。

1）通过引入其他金属来提高 Ni 基催化剂的活性

Cr[150]或者 W 修饰的 Ni 纳米粒子在碱性燃料电池中分别表现出 50 mW·cm^{-2} 和 40 mW·cm^{-2} 的峰值功率密度。尽管电池性能不高，但证实了在 HEMFC 阳极中使用不含 PGM 的电催化剂的潜力。通过电沉积法制备的 $Co_{0.12}Ni_{5.10}Mo$ 电催化剂显示出优于 Ni 的碱性氢氧化活性[151]。比 Ni 高得多的活性归因于适当的氢结合能而不是 OH_{ad} 吸附物种，因为 $Co_{0.12}Ni_{5.10}Mo$ 和 Ni 具有相似的 OH_{ad} 表面覆盖率。通过浸渍和冻干合成了具有不同 Ni∶Cu 原子比的 $Ni_{1-x}Cu_x/C$ 电催化剂[152]。与 Ni/C 相比，$Ni_{1-x}Cu_x/C$ 碱性氢氧化活性的增强归因于引入 Cu 的电子效应从而导致氢吸附中间体的吸附能降低。

2）改变载体以提高 Ni 基催化剂的活性

通过湿化学法合成了负载在氮掺杂碳纳米管上的 Ni 纳米粒子（Ni/N-CNT）[93]。尽管 Ni/N-CNT 的交换电流密度仍比商业 Ot/C 低一个数量级，但比 Ni 纳米粒子增加了 21 倍。活性的提高可能来源于 N-CNT 和 Ni 的协同作用。

总之，尽管不含 PGM 的碱性氢氧化电催化剂仍然无法与 PGM 基电催化剂相比，但是已经证明了制备低成本非贵金属电催化剂的可能性[153]。

2.3　小结与展望

本章分别论述了酸性氢氧化反应和碱性氢氧化反应。

在燃料电池中，酸性体系中目前更具优势，其氢氧化动力学反应速率更快。本章介绍了酸性氢氧化反应的反应机理以及目前催化剂成本高昂的主要制约难点。基于此，介绍了近年来酸性 HOR 中低贵/非贵催化剂的提升性能的策略、研究现状以及遇到的困难。Pt 基贵金属电催化剂上的 HOR 动力学非常高，因此开发具有类似活性并且成本低廉的非贵电催化剂难度很大。目前在低贵/非贵催化剂领域已取得一定的效果，但是还不足以替代贵金属催化剂。而且多数非贵金属在强酸环境下会快速腐蚀，而非金属材料通常缺乏 HOR 活性中心。

PEM 燃料电池的耐久性和性能衰减是阻碍其广泛应用的最关键挑战之一。其中，阳极侧以 CO 为主的燃料杂质，对 PEM 燃料电池的性能和寿命造成了很严重的影响，100 ppm CO 可使燃料电池的最大电流密度下降约 94%。通过氢气预纯化处理与 CO 氧化，可以在一定程度上抑制毒化现象，但是成本和反应环境等因素限制了其规模化灵活化应用。针对抗 CO 中毒的 HOR 催化剂的开发便尤为重要，通过介绍近年来全球研究人员在这方面的工作，了解了目前抗 CO 的研究进展以及未来的研究方向。

在碱性氢氧化反应中，建立一个适用于精确评估电催化剂的标准测试方案迫在眉睫。评估碱性氢氧化电催化剂的指标大致有 ECSA、j_k、$j_{0,m}$ 和 $j_{0,s}$。本章又论述了碱性氢氧化的两种反应途径，分别是有 OH 参与的路径和吸附 OH_{ad} 参与的路径，采用多个标准来确定速率决定步骤，包括反应速率、Tafel 斜率、H_{upd} 电荷转移电阻值、Butler-Volmer 方程的 $\alpha_a + \alpha_c = 1$ 和标准活化自由能。碱性电催化剂活性描述符为氢结合能和亲氧性，其中以氢结合能为主，亲氧性为辅。

最后，本章论述了 PGM 和非 PGM 基碱性氢氧化电催化剂，大致分为尺寸效应、形貌依赖、组成效应、载体效应等方面。尽管近年来取得了重大进展，但开发实用的碱性氢氧化电催化剂仍存在巨大挑战：①不清楚为什么 PGM 基电催化剂的碱性活性比酸性活性低两个数量级；②需要进一步提高碱性氢氧化电催化剂的活性和稳定性；③必须开发新的合成方法，实现简单、易于放大、经济和绿色的先进碱性氢氧化电催化剂的目标。

为了进一步探索碱性氢氧化路径并设计碱性氢氧化电催化剂，建议在以下方向开展工作：①结合碱性氢氧化的理论研究和 DFT 等相关工作；②运用原位表征技术有利于探索碱性氢氧化反应中间体、活性物质、表面活性位点和电催化剂/电解质界面处的反应过程，如原位拉曼光谱[154]、原位傅里叶变换红外光谱（in situ FTIR）[155]、近常压 X 射线光电子能谱（NAP-XPS）[156, 157]、X 射线吸收谱（XAS）[158-160]等。

参 考 文 献

[1] Li Q H，Peng H Q，Wang Y M，et al. The comparability of Pt to Pt-Ru in catalyzing the hydrogen oxidation reaction for alkaline polymer electrolyte fuel cells operated at 80℃[J]. Angewandte Chemie International Edition，2019，58（5）：1442-1446.

[2] Verhage A J L，Coolegem J F，Mulder M J J，et al. 30, 000 h operation of a 70 kW stationary PEM fuel cell system using hydrogen from a chlorine factory[J]. International Journal Hydrogen Energy，2013，38（11）：4714-4724.

[3] Firouzjaie H A，Mustain W E. Catalytic advantages，challenges，and priorities in alkaline membrane fuel cells[J]. ACS Catalysis，2020，10（1）：225-234.

[4] Tian X Y，Zhao P C，Sheng W C. Hydrogen evolution and oxidation：mechanistic studies and material advances[J]. Advanced Materials，2019，31（31）：1808066.

[5] Elbert K，Hu J，Ma Z，et al. Elucidating hydrogen oxidation/evolution kinetics in base and acid by enhanced activities at the optimized Pt shell thickness on the Ru core[J]. ACS Catalysis，2015，5（11）：6764-6772.

[6] Hunt S T，Milina M，Alba-Rubio A C，et al. Self-assembly of noble metal monolayers on transition metal carbide nanoparticle catalysts[J]. Science，2016，352（6288）：974-978.

[7] Hunt S T，Milina M，Wang Z S，et al. Activating earth-abundant electrocatalysts for efficient，low-cost hydrogen evolution/oxidation：sub-monolayer platinum coatings on titanium tungsten carbide nanoparticles[J]. Energy &

Environmental Science，2016，9（10）：3290-3301.

[8]　Wang Y，Wang G W，Li G W，et al. Pt-Ru catalyzed hydrogen oxidation in alkaline media：oxophilic effect or electronic effect？[J]. Energy & Environmental Science，2015，8（1）：177-181.

[9]　Lu S Q，Zhuang Z B. Investigating the influences of the adsorbed species on catalytic activity for hydrogen oxidation reaction in alkaline electrolyte[J]. Journal of the American Chemistry Society，2017，139（14）：5156-5163.

[10]　Ohyama J，Kumada D，Satsuma A. Improved hydrogen oxidation reaction under alkaline conditions by ruthenium-iridium alloyed nanoparticles[J]. Journal of Materials Chemistry A，2016，4（41）：15980-15985.

[11]　Scofield M E，Zhou Y C，Yue S Y，et al. Role of chemical composition in the enhanced catalytic activity of Pt-based alloyed ultrathin nanowires for the hydrogen oxidation reaction under alkaline conditions[J]. ACS Catalysis，2016，6（6）：3895-3908.

[12]　Haslam G E，Chin X Y，Burstein G T. Passivity and electrocatalysis of nanostructured nickel encapsulated in carbon[J]. Physical Chemistry Chemical Physics，2011，13（28）：12968-12974.

[13]　Anastasopoulos A，Blake J，Hayden B E. Non-noble intertransition binary metal alloy electrocatalyst for hydrogen oxidation and hydrogen evolution[J]. Journal of Physical Chemistry C，2011，115（39）：19226-19230.

[14]　Yang X F，Zhao F，Yeh Y W，et al. Nitrogen-plasma treated hafnium oxyhydroxide as an efficient acid-stable electrocatalyst for hydrogen evolution and oxidation reactions[J]. Nature Communications，2019，10（1）：1543.

[15]　Zeng H B，Chen S Q，Jin Y Q，et al. Electron density modulation of metallic MoO_2 by Ni doping to produce excellent hydrogen evolution and oxidation activities in acid[J]. ACS Energy Letters，2020，5（6）：1908-1915.

[16]　Reuillard B，Blanco M，Calvillo L，et al. Noncovalent integration of a bioinspired Ni catalyst to graphene acid for reversible electrocatalytic hydrogen oxidation[J]. ACS Applied Materials & Interfaces，2020，12（5）：5805-5811.

[17]　Zhao G Q，Chen J，Sun W P，et al. Non-platinum group metal electrocatalysts toward efficient hydrogen oxidation reaction[J]. Advanced Functional Materials，2021，31（20）：2010633.

[18]　Matsuda Y，Shimizu T，Mitsushima S. Adsorption behavior of low concentration carbon monoxide on polymer electrolyte fuel cell anodes for automotive applications[J]. Journal of Power Sources，2016，318：1-8.

[19]　Chen C Y，Chen C C，Hsu S W，et al. Behavior of a proton exchange membrane fuel cell in reformate gas[J]. Energy Procedia，2012，29：64-71.

[20]　Lu H，Rihko-Struckmann L，Hanke-Rauschenbach R，et al. Dynamic behavior of a PEM fuel cell during electrochemical CO oxidation on a PtRu anode[J]. Topics in Catalysis，2008，51（1）：89-97.

[21]　Besancon B M，Hasanov V，Imbault-Lastapis R，et al. Hydrogen quality from decarbonized fossil fuels to fuel cells[J]. International Journal of Hydrogen Energy，2009，34（5）：2350-2360.

[22]　Li Y，Wang X，Mei B B，et al. Carbon monoxide powered fuel cell towards H_2-onboard purification[J]. Science Bulletin，2021，66（13）：1305-1311.

[23]　Zamel N，Li X G. Effect of contaminants on polymer electrolyte membrane fuel cells[J]. Progress in Energy and Combustion Science，2011，37（3）：292-329.

[24]　Bockris J，Wroblowa H. Electrocatalysis[J]. Journal of Electroanalytical Chemistry，1964（7）：428-451.

[25]　Yu H M，Hou Z J，Yi B L，et al. Composite anode for CO tolerance proton exchange membrane fuel cells[J]. Journal of Power Sources，2002，105（1）：52-57.

[26]　Pitois A，Davies J C，Pilenga A，et al. Kinetic study of CO desorption from PtRu/C PEM fuel cell anodes：temperature dependence and associated microstructural transformations[J]. Journal of Catalysis，2009，265（2）：199-208.

[27]　Petrii O A. Pt-Ru electrocatalysts for fuel cells: a representative review[J]. Journal of Solid State Electrochemistry, 2008, 12 (5): 609-642.

[28]　Santiago E I, Paganin V A, Carmo M, et al. Studies of CO tolerance on modified gas diffusion electrodes containing ruthenium dispersed on carbon[J]. Journal of Electroanalytical Chemistry, 2005, 575 (1): 53-60.

[29]　Enbäck S, Lindbergh G. Experimentally validated model for CO oxidation on PtRu/C in a porous PEFC electrode[J]. Journal of Electrochemical Society, 2005, 152 (1): A23-A31.

[30]　Gasteiger H A, Markovic N M, Ross P N. H_2 and CO electrooxidation on well-characterized Pt, Ru, and Pt-Ru. 1. Rotating disk electrode studies of the pure gases including temperature effects [J]. Journal of Physical Chemistry, 1995, 99 (20): 8290-8301.

[31]　Hartnig C, Grimminger J, Spohr E. The role of water in the initial steps of methanol oxidation on Pt (211) [J]. Electrochimica Acta, 2007, 52 (6): 2236-2243.

[32]　Lischka M, Mosch C, Gross A. Tuning catalytic properties of bimetallic surfaces: oxygen adsorption on pseudomorphic Pt/Ru overlayers[J]. Electrochimica Acta, 2007, 52 (6): 2219-2228.

[33]　Liu P, Logadottir A, Nørskov J K. Modeling the electro-oxidation of CO and H_2/CO on Pt, Ru, PtRu and Pt_3Sn[J]. Electrochimica Acta, 2003, 48 (25-26): 3731-3742.

[34]　Liu P, Nørskov J K. Kinetics of the anode processes in PEM fuel cells—the promoting effect of Ru in PtRu anodes[J]. Fuel Cells, 2001, 1 (3-4): 192-201.

[35]　Shubina T E, Koper M T M. Co-adsorption of water and hydroxyl on a Pt_2Ru surface[J]. Electrochemistry Communications, 2006, 8 (5): 703-706.

[36]　Koper M T M. Electrocatalysis on bimetallic and alloy surfaces[J]. Surface Science, 2004, 548 (1): 1-3.

[37]　Cuesta A. At least three contiguous atoms are necessary for CO formation during methanol electrooxidation on platinum[J]. Journal of the American Chemical Society, 2006, 128 (41): 13332-13333.

[38]　Housmans T H M, Wonders A H, Koper M T M. Structure sensitivity of methanol electrooxidation pathways on platinum: an on-line electrochemical mass spectrometry study[J]. The Journal of Physical Chemistry B, 2006, 110 (20): 10021-10031.

[39]　Cao D, Lu G Q, Wieckowski A, et al. Mechanisms of methanol decomposition on platinum: a combined experimental and ab initio approach[J]. The Journal of Physical Chemistry B, 2005, 109 (23): 11622-11633.

[40]　Desai S, Neurock M. A first principles analysis of CO oxidation over Pt and $Pt_{66.7\%}Ru_{33.3\%}$ (111) surfaces[J]. Electrochimica Acta, 2003, 48 (25-26): 3759-3773.

[41]　Anderson A B, Grantscharova E, Seong S. Systematic theoretical study of alloys of platinum for enhanced methanol fuel cell performance[J]. Journal of the Electrochemical Society, 1996, 143 (6): 2075-2082.

[42]　Anderson A B, Grantscharova E. Catalytic effect of ruthenium in ruthenium-platinum alloys on the electrooxidation of methanol. Molecular orbital theory[J]. The Journal of Physical Chemistry, 1995, 99 (22): 9149-9154.

[43]　Davies J C, Hayden B E, Pegg D J, et al. The electro-oxidation of carbon monoxide on ruthenium modified Pt(111)[J]. Surface Science, 2002, 496 (1-2): 110-120.

[44]　Piela P, Eickes C, Brosha E, et al. Ruthenium crossover in direct methanol fuel cell with Pt-Ru black anode[J]. Journal of the Electrochemical Society, 2004, 151 (12): A2053-A2059.

[45]　Wang K, Gasteiger H A, Markovic N M, et al. On the reaction pathway for methanol and carbon monoxide electrooxidation on Pt-Sn alloy versus Pt-Ru alloy surfaces[J]. Electrochimica Acta, 1996, 41 (16): 2587-2593.

[46]　Gasteiger H A, Marković N M, Ross P N. Structural effects in electrocatalysis: electrooxidation of carbon

monoxide on Pt₃Sn single-crystal alloy surfaces[J]. Catalysis Letters，1996，36（1-2）：1-8.

[47] Gasteiger H A，Markovic N M，Ross P N. Electrooxidation of CO and H₂/CO mixtures on a well-characterized Pt₃Sn electrode surface[J]. The Journal of Physical Chemistry，1995，99（22）：8945-8949.

[48] Dupont C，Jugnet Y，Loffreda D. Theoretical evidence of PtSn alloy efficiency for CO oxidation[J]. Journal of the American Chemical Society，2006，128（28）：9129-9136.

[49] Garcia A C，Paganin V A，Ticianelli E A. CO tolerance of PdPt/C and PdPtRu/C anodes for PEMFC[J]. Electrochimica Acta，2008，53（12）：4309-4315.

[50] Cho Y H，Choi B，Cho Y H，et al. Pd-based PdPt（19：1）/C electrocatalyst as an electrode in PEM fuel cell[J]. Electrochemistry Communications，2007，9（3）：378-381.

[51] Papageorgopoulos D C，Keijzer M，Veldhuis J B J，et al. CO tolerance of Pd-rich platinum palladium carbon-supported electrocatalysts-proton exchange membrane fuel cell applications[J]. Journal of the Electrochemical Society，2002，149（11）：A1400-A1404.

[52] Papageorgopoulos D C，Keijzer M，de Bruijn F A. The inclusion of Mo，Nb and Ta in Pt and PtRu carbon supported electrocatalysts in the quest for improved CO tolerant PEMFC anodes[J]. Electrochimica Acta，2002，48（2）：197-204.

[53] Ross P N，Stonehart P. Surface characterization of catalytically active tungsten carbide（WC）[J]. Journal of Catalysis，1975，39（2）：298-301.

[54] Götz M，Wendt H. Binary and ternary anode catalyst formulations including the elements W，Sn and Mo for PEMFCs operated on methanol or reformate gas[J]. Electrochimica Acta，1998，43（24）：3637-3644.

[55] Hou Z，Yi B，Yu H，et al. CO tolerance electrocatalyst of PtRu-H$_x$MeO₃/C(Me = W, Mo) made by composite support method[J]. Journal of Power Sources，2003，123（2）：116-125.

[56] Roth C，Goetz M，Fuess H J. Synthesis and characterization of carbon-supported Pt-Ru-WO$_x$ catalysts by spectroscopic and diffraction methods[J]. Journal of Applied Electrochemistry，2001，31（7）：793-798.

[57] Chen K Y，Sun Z，Tseung A C C. Preparation and characterization of high-performance Pt-Ru/WO₃/C anode catalysts for the oxidation of impure hydrogen[J]. Electrochemical and Solid State Letters，2000，3（1）：10-12.

[58] Tseung A C C，Chen K Y. Hydrogen spill-over effect on Pt/WO₃ anode catalysts[J]. Catalysis Today，1997，38（4）：439-443.

[59] Shen P K，Chen K Y，Tseung A C C. CO oxidation on Pt-Ru/WO₃ electrodes[J]. Journal of the Electrochemical Society，1995，142（6）：L85-L86.

[60] Lima A，Coutanceau C，Leger J M，et al. Investigation of ternary catalysts for methanol electrooxidation[J]. Journal of Applied Electrochemistry，2001，31（4）：379-386.

[61] Zhang H Q，Wang Y，Fachini E R，et al. Electrochemically codeposited platinum molybdenum oxide electrode for catalytic oxidation of methanol in acid solution[J]. Electrochemical and Solid State Letters，1999，2（9）：437-439.

[62] Grgur B N，Markovic N M，Ross P N. The electro-oxidation of H₂ and H₂/CO mixtures on carbon-supported Pt$_x$Mo$_y$ alloy catalysts[J]. Journal of the Electrochemical Society，1999，146（5）：1613-1619.

[63] Mukerjee S，Lee S J，Ticianelli E A，et al. Investigation of enhanced CO tolerance in proton exchange membrane fuel cells by carbon supported PtMo alloy catalyst[J]. Electrochemical and Solid State Letters，1999，2（1）：12-15.

[64] Igarashi H，Fujino T，Zhu Y M，et al. CO tolerance of Pt alloy electrocatalysts for polymer electrolyte fuel cells and the detoxification mechanism[J]. Physical Chemistry Chemical Physics，2001，3（3）：306-314.

[65] Stanis R J，Kuo M C，Turner J A，et al. Use of W，Mo，and V substituted heteropolyacids for CO mitigation in PEMFCs[J]. Journal of the Electrochemical Society，2008，155（2）：B155-B162.

[66]　Nagai M, Yoshida M, Tominaga H. Tungsten and nickel tungsten carbides as anode electrocatalysts[J]. Electrochimica Acta, 2007, 52（17）: 5430-5436.

[67]　Pereira L G S, dos Santos F R, Pereira M E, et al. CO tolerance effects of tungsten-based PEMFC anodes[J]. Electrochimica Acta, 2006, 51（19）: 4061-4066.

[68]　Zoltowski P. The mechanism of the activation process of the tungsten carbide electrode[J]. Electrochimica Acta, 1986, 31（1）: 103-111.

[69]　Mcalister A J, Cohen M I. Electro-oxidation of hydrogen on Mo-W carbide alloy catalysts in acid electrolyte[J]. Electrochimica Acta, 1980, 25（12）: 1685-1688.

[70]　Armstrong R D, Bell M F. Tungsten carbide catalysts for hydrogen evolution[J]. Electrochimica Acta, 1978, 23（11）: 1111-1115.

[71]　Sokolsky D V, Palanker V S, Baybatyrov E N. Electrochemical hydrogen reactions on tungsten carbide[J]. Electrochimica Acta, 1975, 20（1）: 71-77.

[72]　Haruta M. Size- and support-dependency in the catalysis of gold[J]. Catalysis Today, 1997, 36（1）: 153-166.

[73]　Wang Y H, Zhu J L, Zhang J C, et al. Selective oxidation of CO in hydrogen-rich mixtures and kinetics investigation on platinum-gold supported on zinc oxide catalyst[J]. Journal of Power Sources, 2006, 155（2）: 440-446.

[74]　Izhar S, Yoshida M, Nagai M. Characterization and performances of cobalt-tungsten and molybdenum-tungsten carbides as anode catalyst for PEFC[J]. Electrochimica Acta, 2009, 54（4）: 1255-1262.

[75]　Kim J, Jang J H, Lee Y H, et al. Enhancement of electrocatalytic activity of platinum for hydrogen oxidation reaction by sonochemically synthesized WC_{1-x} nanoparticles[J]. Journal of Power Sources, 2009, 193（2）: 441-446.

[76]　Brady C D A, Rees E J, Burstein G T. Electrocatalysis by nanocrystalline tungsten carbides and the effects of codeposited silver[J]. Journal of Power Sources, 2008, 179（1）: 17-26.

[77]　Izhar S, Nagai M. Cobalt molybdenum carbides as anode electrocatalyst for proton exchange membrane fuel cell[J]. Journal of Power Sources, 2008, 182（1）: 52-60.

[78]　Morishita T, Soneda Y, Hatori H, et al. Carbon-coated tungsten and molybdenum carbides for electrode of electrochemical capacitor[J]. Electrochimica Acta, 2007, 52（7）: 2478-2484.

[79]　Zellner M B, Chen J G G. Potential application of tungsten carbides as electrocatalysts: synergistic effect by supporting Pt on C/W(110) for the reactions of methanol, water, and CO[J]. Journal of the Electrochemical Society, 2005, 152（8）: A1483-A1494.

[80]　Zellner M B, Chen J G G. Surface science and electrochemical studies of WC and W_2C PVD films as potential electrocatalysts[J]. Catalysis Today, 2005, 99（3-4）: 299-307.

[81]　Lee K C, Ishihara A, Mitsushima S, et al. Stability and electrocatalytic activity for oxygen reduction in WC + Ta catalyst[J]. Electrochimica Acta, 2004, 49（21）: 3479-3485.

[82]　Barnett C J, Burstein G T, Kucernak A R J, et al. Electrocatalytic activity of some carburised nickel, tungsten and molybdenum compounds[J]. Electrochimica Acta, 1997, 42（15）: 2381-2388.

[83]　Serov A, Kwak C. Review of non-platinum anode catalysts for DMFC and pemfc application[J]. Applied Catalysis B: Environmental, 2009, 90（3-4）: 313-320.

[84]　Molina L M, Lesarri A, Alonso J A. New insights on the reaction mechanisms for CO oxidation on Au catalysts[J]. Chemical Physics Letters, 2009, 468（4-6）: 201-204.

[85]　Mozer T S, Dziuba D A, Vieira C T P, et al. The effect of copper on the selective carbon monoxide oxidation over alumina supported gold catalysts[J]. Journal of Power Sources, 2009, 187（1）: 209-215.

[86] Strasser P, Fan Q, Devenney M, et al. High throughput experimental and theoretical predictive screening of materials—a comparative study of search strategies for new fuel cell anode catalysts[J].The Journal of Physical Chemistry B, 2003, 107（40）: 11013-11021.

[87] Christoffersen E, Liu P, Ruban A, et al. Anode materials for low-temperature fuel cells: a density functional theory study[J]. Journal of Catalysis, 2001, 199（1）: 123-131.

[88] Hammer B, Norskov J K. Why gold is the noblest of all the metals[J]. Nature, 1995, 376（6537）: 238-240.

[89] Guo S J, Wang E. Noble metal nanomaterials: controllable synthesis and application in fuel cells and analytical sensors[J]. Nano Today, 2011, 6（3）: 240-264.

[90] Chen J Y, Lim B, Lee E P, et al. Shape-controlled synthesis of platinum nanocrystals for catalytic and electrocatalytic applications[J]. Nano Today, 2009, 4（1）: 81-95.

[91] Zheng J, Zhou S Y, Gu S, et al. Size-dependent hydrogen oxidation and evolution activities on supported palladium nanoparticles in acid and base[J]. Journal of the Electrochemical Society, 2016, 163（6）: F499-F506.

[92] Shao-Horn Y, Sheng W C, Chen S, et al. Instability of supported platinum nanoparticles in low-temperature fuel cells[J]. Topics in Catalysis, 2007, 46（3-4）: 285-305.

[93] Sheng W C, Bivens A P, Myint M, et al. Non-precious metal electrocatalysts with high activity for hydrogen oxidation reaction in alkaline electrolytes[J]. Energy & Environmental Science, 2014, 7（5）: 1719-1724.

[94] Choi C L, Feng J, Li Y, et al. WS$_2$ nanoflakes from nanotubes for electrocatalysis[J]. Nano Research, 2013, 6（12）: 921-928.

[95] Sa Y J, Park C, Jeong H Y, et al. Carbon nanotubes/heteroatom-doped carbon core-sheath nanostructures as highly active, metal-free oxygen reduction electrocatalysts for alkaline fuel cells[J]. Angewandte Chemie International Edition, 2014, 53（16）: 4102-4106.

[96] Piana M, Boccia M, Filpi A, et al. H$_2$/air alkaline membrane fuel cell performance and durability, using novel ionomer and non-platinum group metal cathode catalyst[J]. Journal of Power Sources, 2010, 195（18）: 5875-5881.

[97] Zhu H Y, Zhang S, Huang Y X, et al. Monodisperse M$_x$Fe$_{3-x}$O$_4$(M = Fe, Cu, Co, Mn) nanoparticles and their electrocatalysis for oxygen reduction reaction[J]. Nano Letters, 2013, 13（6）: 2947-2951.

[98] Chung H T, Won J H, Zelenay P. Active and stable carbon nanotube/nanoparticle composite electrocatalyst for oxygen reduction[J]. Nature Communications, 2013, 4: 1922.

[99] Sheng W C, Gasteiger H A, Shao-Horn Y. Hydrogen oxidation and evolution reaction kinetics on platinum: acid vs alkaline electrolytes[J]. Journal of the Electrochemical Society, 2010, 157（11）: B1529-B1536.

[100] Krischer K, Savinova E R. Handbook of Heterogeneous Catalysis[M]. Weinheim: Wiley-VCH, 2008.

[101] Rheinlander P J, Herranz J, Durst J, et al. Kinetics of the hydrogen oxidation/evolution reaction on polycrystalline platinum in alkaline electrolyte reaction order with respect to hydrogen pressure[J]. Journal of the Electrochemical Society, 2014, 161（14）: F1448-F1457.

[102] Zheng J, Sheng W C, Zhuang Z B, et al. Universal dependence of hydrogen oxidation and evolution reaction activity of platinum-group metals on pH and hydrogen binding energy[J]. Science Advances, 2016, 2（3）: e1501602.

[103] Durst J, Siebel A, Simon C, et al. New insights into the electrochemical hydrogen oxidation and evolution reaction mechanism[J]. Energy & Environmental Science, 2014, 7（7）: 2255-2260.

[104] Alia S M, Pivovar B S, Yan Y S. Platinum-coated copper nanowires with high activity for hydrogen oxidation reaction in base[J]. Journal of the American Chemical Society, 2013, 135（36）: 13473-13478.

[105] Alesker M, Page M, Shviro M, et al. Palladium/nickel bifunctional electrocatalyst for hydrogen oxidation reaction

in alkaline membrane fuel cell[J]. Journal of Power Sources，2016，304：332-339.

[106]　Strmcnik D，Uchimura M，Wang C，et al. Improving the hydrogen oxidation reaction rate by promotion of hydroxyl adsorption[J]. Nature Chemistry，2013，5（4）：300-306.

[107]　Cong Y Y，Yi B L，Song Y J. Hydrogen oxidation reaction in alkaline media：from mechanism to recent electrocatalysts[J]. Nano Energy，2018，44：288-303.

[108]　St John S，Atkinson R W，Unocic R R，et al. Ruthenium-alloy electrocatalysts with tunable hydrogen oxidation kinetics in alkaline electrolyte[J]. Journal of Physical Chemistry C，2015，119（24）：13481-13487.

[109]　Quaino P M，de Chialvo M R G，Chialvo A C. Hydrogen electrode reaction：a complete kinetic description[J]. Electrochimica Acta，2007，52（25）：7396-7403.

[110]　Montero M A，de Chialvo M R G，Chialvo A C. Evaluation of the kinetic parameters of the hydrogen oxidation reaction on nanostructured iridium electrodes in alkaline solution[J]. Journal of Electroanalytical Chemistry，2016，767：153-159.

[111]　Montero M A，de Chialvo M R G，Chialvo A C. Kinetics of the hydrogen oxidation reaction on nanostructured rhodium electrodes in alkaline solution[J]. Journal of Power Sources，2015，283：181-186.

[112]　Schouten K J P，van der Niet M J T C，Koper M T M. Impedance spectroscopy of H and OH adsorption on stepped single-crystal platinum electrodes in alkaline and acidic media[J]. Physical Chemistry Chemical Physics，2010，12（46）：15217-15224.

[113]　Wang J X，Springer T E，Adzic R R. Dual-pathway kinetic equation for the hydrogen oxidation reaction on Pt electrodes[J]. Journal of the Electrochemical Society，2006，153（9）：A1732-A1740.

[114]　Wang J X，Springer T E，Liu P，et al. Hydrogen oxidation reaction on Pt in acidic media：adsorption isotherm and activation free energies[J]. The Journal of Physical Chemistry C，2007，111（33）：12425-12433.

[115]　Maruyama J，Inaba M，Katakura K，et al. Influence of Nafion® film on the kinetics of anodic hydrogen oxidation[J]. Journal of Electroanalytical Chemistry，1998，447（1-2）：201-209.

[116]　Markovic N M，Sarraf S T，Gasteiger H A，et al. Hydrogen electrochemistry on platinum low-index single-crystal surfaces in alkaline solution[J]. Journal of the Chemical Society，Faraday Transactions，1996，92（20）：3719-3725.

[117]　Chen S L，Kucernak A. Electrocatalysis under conditions of high mass transport rate：oxygen reduction on single submicrometer-sized Pt particles supported on carbon[J]. The Journal of Physical Chemistry B，2004，108（10）：3262-3276.

[118]　Vogel W，Lundquist L，Ross P. Reaction pathways and poisons-II：the rate controlling step for electrochemical oxidation of hydrogen on Pt in acid and poisoning of the reaction by CO[J]. Electrochimica Acta，1975，20（1）：79-93.

[119]　Jiang J H，Wu B L，Cha C S，et al. Application of SPE composite microelectrodes to the study of the spillover of adsorbed species on electrode surfaces[J]. Journal of Electroanalytical Chemistry，1998，445（1-2）：13-16.

[120]　Tu W Y，Liu W J，Cha C S，et al. Study of the powder/membrane interface by using the powder microelectrode technique I. The Pt-black/Nafion® interfaces[J]. Electrochimica Acta，1998，43（24）：3731-3739.

[121]　Zalitis C M，Kramer D，Kucernak A R. Electrocatalytic performance of fuel cell reactions at low catalyst loading and high mass transport[J]. Physical Chemistry Chemical Physics，2013，15（12）：4329-4340.

[122]　Laconti A B，Swette L. Handbook of Fuel Cells—Fundamentals，Technology and Applications[M]. Hoboken：John Wiley & Sons，2010，4：1-17.

[123]　Woodroof M D，Wittkopf J A，Gu S，et al. Exchange current density of the hydrogen oxidation reaction on Pt/C in polymer solid base electrolyte[J]. Electrochemistry Communications，2015，61：57-60.

[124] Neyerlin K C, Gu W B, Jorne J, et al. Study of the exchange current density for the hydrogen oxidation and evolution reactions[J]. Journal of the Electrochemical Society, 2007, 154 (7): B631-B635.

[125] Ohyama J, Sato T, Yamamoto Y, et al. Size specifically high activity of Ru nanoparticles for hydrogen oxidation reaction in alkaline electrolyte[J]. Journal of the American Chemical Society, 2013, 135 (21): 8016-8021.

[126] Mahoney E G, Sheng W C, Yan Y S, et al. Platinum-modified gold electrocatalysts for the hydrogen oxidation reaction in alkaline electrolytes[J]. Chemelectrochem, 2014, 1 (12): 2058-2063.

[127] Zheng J, Yan Y S, Xu B J. Correcting the hydrogen diffusion limitation in rotating disk electrode measurements of hydrogen evolution reaction kinetics[J]. Journal of the Electrochemical Society, 2015, 162 (14): F1470-F1481.

[128] Zhuang Z, Giles S A, Zheng J, et al. Nickel supported on nitrogen-doped carbon nanotubes as hydrogen oxidation reaction catalyst in alkaline electrolyte[J]. Nature Communications, 2016, 7: 10141.

[129] Zeng M, Li Y G. Recent advances in heterogeneous electrocatalysts for the hydrogen evolution reaction[J]. Journal of Materials Chemistry A, 2015, 3 (29): 14942-14962.

[130] Janik M J, Taylor C D, Neurock M. First principles analysis of the electrocatalytic oxidation of methanol and carbon monoxide[J]. Topics in Catalysis, 2007, 46 (3): 306-319.

[131] Chen X, Chughtai A A, Dyda A, et al. Comparative epidemiology of Middle East respiratory syndrome coronavirus (MERS-CoV) in Saudi Arabia and South Korea[J]. Emerging Microbes & Infections, 2017, 6 (6): e51.

[132] Mccrum I T, Janik M J. First principles simulations of cyclic voltammograms on stepped Pt(553) and Pt(533) electrode surfaces[J]. Chemelectrochem, 2016, 3 (10): 1609-1617.

[133] Schmidt T J, Ross P N, Markovic N M. Temperature dependent surface electrochemistry on Pt single crystals in alkaline electrolytes part 2. The hydrogen evolution/oxidation reaction[J]. Journal of Electroanalytical Chemistry, 2002, 524-525: 252-260.

[134] Barber J H, Conway B E. Structural specificity of the kinetics of the hydrogen evolution reaction on the low-index surfaces of Pt single-crystal electrodes in 0.5 M dm^{-3} NaOH[J]. Journal of Electroanalytical Chemistry, 1999, 461 (1-2): 80-89.

[135] Ohyama J, Sato T, Satsum A. High performance of Ru nanoparticles supported on carbon for anode electrocatalyst of alkaline anion exchange membrane fuel cell[J]. Journal of Power Sources, 2013, 225: 311-315.

[136] Zheng J, Zhuang Z B, Xu B J, et al. Correlating hydrogen oxidation/evolution reaction activity with the minority weak hydrogen-binding sites on Ir/C catalysts[J]. ACS Catalysis, 2015, 5 (7): 4449-4455.

[137] Tang M H, Hahn C, Klobuchar A J, et al. Nickel-silver alloy electrocatalysts for hydrogen evolution and oxidation in an alkaline electrolyte[J]. Physical Chemistry Chemical Physics, 2014, 16 (36): 19250-19257.

[138] Wang H S, Abruña H D. IrPdRu/C as H$_2$ oxidation catalysts for alkaline fuel cells[J]. Journal of the American Chemical Society, 2017, 139 (20): 6807-6810.

[139] Alia S M, Yan Y S. Palladium coated copper nanowires as a hydrogen oxidation electrocatalyst in base[J]. Journal of the Electrochemical Society, 2015, 162 (8): F849-F853.

[140] Bhowmik T, Kundu M K, Barman S. Palladium nanoparticle-graphitic carbon nitride porous synergistic catalyst for hydrogen evolution/oxidation reactions over a broad range of pH and correlation of its catalytic activity with measured hydrogen binding energy[J]. ACS Catalysis, 2016, 6 (3): 1929-1941.

[141] Miller H A, Lavacchi A, Vizza F, et al. A Pd/C-CeO$_2$ anode catalyst for high-performance platinum-free anion exchange membrane fuel cells[J]. Angewandte Chemie International Edition, 2016, 55 (20): 6004-6007.

[142] Miller H A, Vizza F, Marelli M, et al. Highly active nanostructured palladium-ceria electrocatalysts for the hydrogen oxidation reaction in alkaline medium[J]. Nano Energy, 2017, 33: 293-305.

[143]　Qin B W, Yu H M, Chi J, et al. A novel Ir/CeO₂-C nanoparticle electrocatalyst for the hydrogen oxidation reaction of alkaline anion exchange membrane fuel cells[J]. RSC Advances, 2017, 7 (50): 31574-31581.

[144]　Thacker R. Performance of a nickel boride fuel cell anode using hydrogen and ethylene[J]. Nature, 1965, 206 (4980): 186-187.

[145]　Kenjo T. Doping effects of transition metals on the polarization characteristics in raney nickel hydrogen electrodes[J]. Electrochimica Acta, 1988, 33 (1): 41-46.

[146]　Kenjo T. Depolarization induced by applying the load in very wettable Raney nickel hydrogen electrodes[J]. Electrochim Acta, 1986, 31 (12): 1617-1623.

[147]　Kenjo T. Chromium-doped Raney nickel catalyst for hydrogen electrodes in alkaline fuel cells[J]. Journal of the Electrochem Society, 1985, 132 (2): 383.

[148]　Kiros Y, Majari M, Nissinen T A. Effect and characterization of dopants to Raney nickel for hydrogen oxidation[J]. Journal of Alloys and Compd, 2003, 360 (1-2): 279-285.

[149]　Shim J P, Park Y S, Lee H K, et al. Hydrogen oxidation characteristics of Raney nickel electrodes with carbon black in an alkaline fuel cell[J]. Journal of Power Sources, 1998, 74 (1): 151-154.

[150]　Lu S F, Pan J, Huang A B, et al. Alkaline polymer electrolyte fuel cells completely free from noble metal catalysts[J]. Proceedings of the National Academy of Sciences, 2008, 105 (52): 20611-20614.

[151]　Hu Q P, Li G W, Pan J, et al. Alkaline polymer electrolyte fuel cell with Ni-based anode and Co-based cathode[J]. International Journal of Hydrogen Energy, 2013, 38 (36): 16264-16268.

[152]　Cherstiouk O V, Simonov P A, Oshchepkov A G, et al. Electrocatalysis of the hydrogen oxidation reaction on carbon-supported bimetallic NiCu particles prepared by an improved wet chemical synthesis[J]. Journal of Electroanalytical Chemistry, 2016, 783: 146-151.

[153]　Mccrum I T, Janik M J. Deconvoluting cyclic voltammograms to accurately calculate Pt electrochemically active surface area[J]. Journal of Physical Chemistry C, 2017, 121 (11): 6237-6245.

[154]　Yeo B S, Bell A T. In situ Raman study of nickel oxide and gold-supported nickel oxide catalysts for the electrochemical evolution of oxygen[J]. Journal of Physical Chemistry C, 2012, 116 (15): 8394-8400.

[155]　Zhang M, de Respinis M, Frei H. Time-resolved observations of water oxidation intermediates on a cobalt oxide nanoparticle catalyst[J]. Nature Chemistry, 2014, 6 (4): 362-367.

[156]　Gustafson J, Blomberg S, Martin N M, et al. A high pressure X-ray photoelectron spectroscopy study of CO oxidation over Rh(100)[J]. Journal of Physics Condens Matter, 2014, 26 (5): 055003.

[157]　Qadir K, Kim S M, Seo H, et al. Deactivation of Ru catalysts under catalytic CO oxidation by formation of bulk Ru oxide probed with ambient pressure XPS[J]. The Journal of Physical Chemistry C, 2013, 117 (25): 13108-13113.

[158]　Landon J, Demeter E, Inoglu N, et al. Spectroscopic characterization of mixed Fe-Ni oxide electrocatalysts for the oxygen evolution reaction in alkaline electrolytes[J]. ACS Catalysis, 2012, 2 (8): 1793-1801.

[159]　Gorlin Y, Lassalle-Kaiser B, Benck J D, et al. In situ X-ray absorption spectroscopy investigation of a bifunctional manganese oxide catalyst with high activity for electrochemical water oxidation and oxygen reduction[J]. Journal of the American Chemiscal Society, 2013, 135 (23): 8525-8534.

[160]　Kornienko N, Resasco J, Becknell N, et al. Operando spectroscopic analysis of an amorphous cobalt sulfide hydrogen evolution electrocatalyst[J]. Journal of the American Chemiscal Society, 2015, 137 (23): 7448-7455.

第3章　有机小分子电氧化

未来 50 年人类发展将面临 10 大问题，其中能源与环境问题已不容忽视。传统化石能源（如煤、石油、天然气）的肆意开采及粗放使用造成了严重的能源短缺及环境污染问题。为遏制当前面临的能源危机和环境危机，迫切需要科学家、行业协会和政府机构共同努力寻找可持续的解决方案，以减少二氧化碳等温室气体的排放。减少二氧化碳排放需要使用闭环或碳中性燃料循环。燃料电池就是一种碳排放低至零的电化学发电装置，其特点是热力学效率高、模块化和多功能性。因此，燃料电池有望在不久的将来在运输、固定和便携式应用的下一代电源发挥关键作用。氢氧燃料电池因其高功率密度、低质量功率比、产物无污染等优点，被认为是最佳的燃料电池技术。然而，氢气在大气环境条件下是气态，必须在高压下储存或在低温下液化，同时氢气的体积能量密度低也是阻碍该技术广泛应用的主要问题之一。研究发现，通过有机小分子分解制得的重整氢是 PEMFC 理想的氢源，可以解决氢气的运输、储存和安全问题。然而重整氢中通常会含有少量的 CO，而 CO 会使电池的性能大幅度降低，因此，制备新型催化剂催化有机小分子分解，获得不含 CO 的重整氢，对推进 PEMFC 商业化具有重大意义。另外，直接采用液体有机小分子作为 PEMFC 的燃料，替代氢气，无需外接重整装置。液体燃料便于储存和携带，也可以解决氢气的制备、储存和运输问题。目前，研究最为广泛的是采用甲醇作为燃料的直接甲醇燃料电池（DMFC），采用甲酸作为燃料的直接甲酸燃料电池（DFAFC），以及采用乙醇作为燃料的直接乙醇燃料电池（DEFC），本节将主要针对 DMFC 和 DFAFC 的氧化机理等进行总结。

3.1　甲醇电氧化

在燃料电池中，催化剂的成本占燃料电池总成本的 1/3 以上，因此制备性能良好的催化剂对于推动燃料电池商业化具有至关重要的作用。相比于传统的质子交换膜燃料电池来说，DMFC 的区别主要在于阳极为液体甲醇，具有操作方便，能量转换效率高，甲醇电氧化过程中不需要断裂 C—C 键，反应能垒较低，燃料携带方便，放电持续时间长等优点。而且甲醇电氧化机理以及所需催化剂都具有其独特性，接下来将主要针对甲醇电氧化的氧化机理等展开讨论。

3.1.1 甲醇电氧化反应机理

甲醇在电极上的电催化氧化过程主要包括以下过程：①甲醇吸附并逐步脱质子形成含碳中间产物；②解离水产生含氧物种，含氧物种参与反应，氧化除去上述含碳中间产物；③产物转移，包括质子传递到催化剂/电解质界面，电子转移到外电路以及 CO_2 排出等[1]。

近几十年来，通过各种实验程序，甲醇电氧化机理得到了阐明。用于此类研究的电化学方法主要有稳态恒流极化法、循环伏安法和电化学瞬态法（时安培法、时电位法）以及交流阻抗谱法[2-7]。一般来说，电动力学参数（即 Tafel 斜率、活化能、反应级数等）都是在 25～80℃，酸性液体电解质存在下，通过恒流稳态极化和线性电位扫描得到的。原位光谱分析与电化学结合，如 FTIR、质谱、XAS 等已被证明对于研究吸附物种和测定氧化过程中形成的中间化合物非常有用[8]。在这些方法中，很多技术需要光滑的电极表面。本节中所描述的信息主要是对机制的基本了解，然而，有必要开发一种方法，使人们能够获得在高表面积电极上和燃料电池运行的条件下发生的机制的信息。由此来看，原位 CO 溶出实验可以在催化剂和电解液的界面上进行，用来评估催化剂的电化学活性表面积、本征活性甚至催化剂的表面组成。CO 汽提峰电位的阳极位移与甲醇氧化催化活性之间的关系证明，在甲醇电氧化过程中，CO 的去除是决速步[9]。目前，通过各种技术，人们对甲醇在 Pt 以及 Pt 合金催化剂上的氧化机理的相关研究进展进行了综述。

甲醇电氧化主要包括以下步骤：

$$CH_3OH + Pt \longrightarrow Pt—CH_2OH + H^+ + e^- \tag{3.1}$$

$$Pt—CH_2OH + Pt \longrightarrow Pt_2—CHOH + H^+ + e^- \tag{3.2}$$

$$Pt_2—CHOH + Pt \longrightarrow Pt_3—COH + H^+ + e^- \tag{3.3}$$

$$Pt_3—COH \longrightarrow Pt—CO + 2Pt + H^+ + e^- \tag{3.4}$$

$$M + H_2O \longrightarrow M—OH + H^+ + e^- \tag{3.5}$$

$$Pt—CO + M—OH \longrightarrow PtM + CO_2 + H^+ + e^- \tag{3.6}$$

但是上述反应机理并非一成不变，而是受催化剂的组分、种类以及反应条件的影响。当反应温度较低时，甲醇电氧化不完全，生成甲醛或者甲酸，并已通过原位红外光谱证明：

$$Pt—CH_2OH \longrightarrow Pt + HCHO + H^+ + e^- \tag{3.7}$$

$$Pt_2—CHOH + M - OH \longrightarrow Pt_2M + HCOOH + H^+ + e^- \tag{3.8}$$

从甲醇到二氧化碳的整个氧化过程是 6 电子过程。然而，通过在 Pt 上的电化学稳态测试，分析 Tafel 曲线得出，决速步是单电子过程。在纯 Pt 催化剂表面上，水在 Pt 上的解离化学吸附是决速步，人们普遍认为，甲醇电氧化催化剂应能在低电位促进水的解离以及"不稳定的" CO 化学吸附。此外，好的甲醇氧化催化剂还应能催化 CO 的氧化。

以上机理认为 CO 的形成是一个必要的中间产物过程，被称为连续反应路径。也有文献报道提出甲醇在 Pt 电极上的氧化是通过平行反应路径进行的，而在平行路径中，甲醇可以直接被氧化为 CO_2，CO 为反应的副产物[10]。最近，Chen[11]和 Wang 等[12]用现场表面增强的红外光谱技术和双薄膜层电解质与质谱结合对甲醇氧化中间产物进行了定量测量，研究认为两种路径同时存在，即一个路径是通过吸附 CO 进行，另一个路径是通过溶解中间产物（HCHO、HCOOH）进行，这些中间产物是否最终被直接氧化为 CO_2 与催化剂和电极的结构有关。

3.1.2　甲醇电氧化过程中的毒化机制及规避手段

在纯 Pt 催化剂中，虽然其在酸性介质中表现出优异的甲醇电氧化活性和稳定性[13]，但是随着反应的进行，CO 等中间吸附物种会不断在 Pt 的表面累积，致使催化剂因中毒而失活，从而导致催化剂催化活性降低。Pt 用于催化甲醇电氧化时，整个过程中存在催化剂中毒现象，并且实验结果表明，Pt 对甲醇的电催化氧化过程中存在自中毒现象。试验证明，CO_{ad} 会在电势低于 0.45 V *vs.* RHE 时，在催化剂表面迅速积累，从而明显降低催化剂的催化性能。当电位逐渐升高到约 0.7 V *vs.* RHE 时，水解离产生 OH 有利于促进 CO_{ad} 的氧化，使吸附物脱离催化剂表面[8]，因此反应（3.5）成为总反应的决速步骤。Beden 等[14]首次通过电化学调制红外反射光谱（EMIRS）研究甲醇在 Pt 表面吸附过程，发现在此过程中，中间毒化物种 CO 在 Pt 表面同时以线式和桥式两种吸附状态存在。在低电位区间，Pt 在高浓度的甲醇溶液中反应时，产生的中间物种 CO 以线式吸附为主，而在低浓度时则形成三中心的桥式吸附[15, 16]，导致催化剂中毒，反应难以继续。

但在目前，DMFC 中常用的商业催化剂还是碳载 Pt 催化剂，完全取代 Pt 的进展缓慢，为减缓 Pt 催化剂的自中毒行为，通过部分取代 Pt 来减少 Pt 的用量成为一种有效的防范手段。尤其致力于开发二元与多元的 Pt 基合金催化剂，这种 Pt 基合金催化剂比单 Pt 催化剂具有更高的催化活性。一般来说，这种催化性能的提高主要归因于双功能机理以及配位效应（电子效应）[17]。双功能机理是指，在甲醇电氧化过程中需要两种活性位点，一种活性位点在 Pt 上，发生甲醇的吸附和解离，另一种活性位点在所掺入的另一种金属表面，发生水的吸附与活化。一般来说，第二金属组分的加入有利于水在较低电位下解离，从而促进吸附在 Pt 位点上的 CO 的氧化。而电子效应则是指，其他金属组分的加入能够影响 Pt 的电子结构，从而改变 Pt 与 CO_{ad} 的作用力。由于 CO 与 Pt 配位时为供电子基团，在电子效应的影响下，Pt 的 XPS 峰会出现负移现象，Pt 表面的电子云密度增大，降低了

Pt 与 CO_{ad} 间的作用力，从而在较低电位下氧化 CO，提高了催化剂的抗中毒能力。

前文提到，甲醇电氧化通过双途径机理完成，那么吸附在 Pt 表面的 CO 的氧化移除对甲醇电氧化具有重要作用，对于制备高性能的甲醇电氧化催化剂具有重要的指导作用。同时，CO 氧化作为一个结构敏感的反应，对于探究催化剂的微结构也具有帮助[18-21]。CO 的氧化反应符合 Langmuir-Hinshelwood 机理，吸附的 CO 与相邻位点上吸附的含氧物种（如 OH^-）反应。那么，CO 与吸附位点的作用力以及吸附 CO 周围的含氧物种 OH^- 的数量共同决定了 CO 氧化反应速率。CO 的氧化反应作为结构敏感的反应，会受催化剂晶体的暴露面和缺陷、溶液 pH、阴离子吸附、催化剂纳米粒子的粒径和形貌等的影响。Pt 纳米粒子的粒径对 CO 氧化具有重要影响。Savinova 等[22]证明，2 nm 以下的 Pt 纳米粒子会限制吸附的 CO 的移动，使得 CO 与 Pt 之间具有更大的吸附能。而 Arenz 等[15]证明 CO 的氧化主要受催化剂的缺陷位点数量的影响，在催化剂缺陷位点处更容易解离水，从而形成 OH^-，促进 CO 氧化。缺陷位点的重要作用受到很多科学家的支持[23, 24]。例如，Lee 等[24]认为增加 2 nm 左右的 Pt 纳米粒子的表面阶梯数可以提高 CO 和甲醇电氧化的本征活性。Lebedeva 等[23]认为，在电化学状态下吸附在 $Pt[n(111)\times(111)]$ 表面的 CO 具有更快的扩散速度，这些 Pt 的表面是 CO 氧化的活性位点。实际上，通过增加含氧基团或者通过加入氧化物[25]，如 CeO_2 来增加含 OH^- 基团的物种都能够提高 Pt/C 催化剂催化 CO 及甲醇氧化的活性。除了催化剂表面缺陷位点数的影响外，CO 的扩散速度以及 CO 的吸附能对催化性能的影响也不容忽视[26]。因此，设计新的 CO 和甲醇氧化催化剂需要考虑到减小 CO 在 Pt 表面的吸附力并通过引入更多的含氧物种或控制粒子形貌，在低电位下提供较多的 OH^- 物种。甲醇电氧化的粒径效应可归因于，当 Pt 粒子粒径小于 5 nm 时，CO 和 OH^- 在 Pt 位点上的吸附力都会增强，当 Pt 粒径小于 4 nm，Pt 粒子上连续的 Pt 台阶位点迅速减少，使得甲醇脱氢过程被抑制。Pt 基合金催化剂的催化性能受其暴露晶面的影响，探究 CO 和甲醇氧化反应的优势晶面也是催化剂制备的一个重要方面。Solla-Gullón 等[27]证明 CO 氧化反应与 Pt 纳米粒子的形状有很大关系。Solla-Gullón 等[28]更进一步建立了晶面与催化性能的关系。甲醇电氧化的峰电流随以下顺序依次提高：Pt(111)<Pt(110)<Pt(100)。而在实际电池运行的电位范围内，如 0.5 V 电位下，电极上的正扫峰电流大小为 Pt(111)>Pt(100)>Pt(110)，与单晶电极上的研究结果相一致。在低电位下，Pt(111)晶面对甲醇氧化的性能最高，其毒化速度最慢。这一研究表明，通过控制粒子的形貌可以有效提高其催化性能。同时考虑到合金催化剂优异的性能，制备具有一定形貌的 Pt 基合金催化剂用于甲醇电氧化成为研究的热点。Yin 等[29]认为暴露（100）晶面的 Pt-Pd 纳米立方体具有更高的活性，暴露（111）晶面的 Pt-Pd 四面体有更好的稳定性。合理控制 Pt 基纳米催化剂的形状可使其保持块状金属的催化特性，同时由于纳米粒子暴露更多的活性位点而具有更大的催化活性。因此，可以根据实际需求，改变合成方法，控制纳米催化剂的形状，得到不同纳米相的催化剂来替代单晶纳米相。

3.1.3 小结

甲醇电氧化作为直接液体燃料电池中典型的电催化反应的研究引起了极大的关注，包括反应机理和高性能电催化剂的设计。然而，甲醇电氧化仍有许多问题需要解决。

（1）借助反应动力学建模手段，建立分析模型或者设计模型催化剂，深入研究甲醇电氧化的机理以及反应中影响 CO 电氧化性能的因素。

（2）基于反应机理，合理设计和调整电催化剂的结构以制备更高活性的催化剂，同时开发新型非 Pt 催化剂来降低甲醇燃料电池的成本。

（3）合理平衡成本、耐久性和活性，从而早日实现直接甲醇燃料电池的商业化。

3.2 甲酸电氧化

甲酸电氧化可用于开发碳中性燃料循环的能量载体/氢载体。甲酸作为燃料循环是碳中性的，因为甲酸可以通过电化学 CO_2 还原直接产生，随后可以在直接甲酸燃料电池中将存储的化学能转换为电能。与氢相比，甲酸是一种具有更高能量密度（理论能量密度为 6.21×10^6 J·kg^{-1} 和 7.5744×10^6 J·L^{-1}）的液体，更加利于存储和运输。此外，直接甲酸燃料电池具有更高的理论电池电压（1.45 V）并且与基于其他液体燃料（甲醇 1.18 V，乙醇 1.14 V）的电池相比，理论上会产生更高的功率密度。大多数直接甲酸燃料电池采用 Pd 基和 Pt 基催化剂作为阳极和阴极。

目前，催化剂的成本、耐久性和催化活性是几乎所有燃料电池中普遍存在的相互制约的问题。因此，高性能电催化剂的设计和合成是燃料电池中最关键的研究内容之一。有效设计和制备优异的甲酸氧化电催化剂应基于以下两个方面：首先，应探索甲酸氧化的反应机理，包括反应路径、反应中间体、物种吸附状态和吸附构型；其次，基于对反应机理的理解，进而合理设计和调整电催化剂的组成和表面结构。

虽然在燃料电池常用的有机燃料中，甲酸是一种相对简单的燃料分子，但其电氧化过程很复杂。在过去的几十年里，已经做了很多工作来阐明反应机制。为此，具有不同表面平面的单晶催化剂已被用作甲酸的模型催化剂。同时，不同的原位光谱技术结合电化学方法已被广泛用于检测甲酸氧化过程中的表面吸附物种，旨在阐明可能的反应机制。近年来，随着原位设备和操作技术的发展，甲酸氧化的反应机理和电催化剂，都取得了很大进展。虽然对于甲酸电氧化相关的反应机制和电催化剂的进展进行详细总结还是不够的，但势在必行。因此，本节总结了近年来甲酸电催化氧化机理、甲酸电催化氧化催化剂的工作。

3.2.1　甲酸电氧化反应机理

甲酸是一种简单的有机小分子，适合作为模型分子来研究有机分子燃料在不同电极上的电氧化反应机理。HCOOH（FA）电氧化具有复杂的反应过程和各种可能生成 CO_2 的途径，具体取决于不同的电极表面结构，如图 3-1（a）所示。Parsons 等[30]早在 1973 年就提出了广泛认可的双途径机制，即在直接途径中，甲酸分两步脱氢，同时电子转移到电极上，形成 CO_2 和 H^+：HCOOH→活性中间体→$CO_2 + 2H^+ + 2e^-$。在间接途径中，甲酸首先脱水形成 CO，CO 在更高电位下氧化为 CO_2：$HCOOH \longrightarrow CO_{ads} + H_2O$，$CO_{ads} + OH_{ads} \longrightarrow CO_2 + H^+ + e^-$。使用原位衰减全反射-傅里叶变换红外光谱（ATR-FTIR）可以直接观察 CO_2 和 CO 的中间体及其转化。如图 3-1（b）所示，对于钯黑催化剂上的 HCOOH 氧化，除了 CO_2 产物在 2345 cm^{-1} 处有清晰的吸收信号外，1869 cm^{-1} 处的峰可以归为有毒的 CO 中间体[31]。最近，Wang 等[32]报道了一种原位电化学壳隔离纳米颗粒增强拉曼光谱（EC-SHINERS）技术，该技术可以监测 CO 到 CO_2 的电氧化过程。如图 3-1（c）

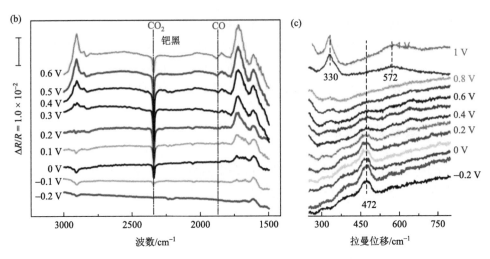

图 3-1　（a）甲酸电氧化的机理；（b）甲酸在商用钯黑上电氧化的原位 ATR-FTIR；
（c）原位电化学壳隔离纳米颗粒增强拉曼光谱（EC-SHINERS）在 Au(111)@Pt 单层上的
CO 电氧化光谱

所示，对于吸收在 Pt 单层上的 CO，其显示为 472 cm^{-1} 处的谱带，对应于 Pt—C
伸缩振动，随着电位的增加，其强度急剧下降，然后在 0.6 V 后消失，表明 CO
在 0.6 V 处解吸和氧化。电位上升到 0.9 V 时，出现两个新的峰，即在 572 cm^{-1}
处出现一个宽谱带，在 330 cm^{-1} 处出现另一个尖峰。这两个峰归因于 Pt—O 拉伸
以及 CO$_2$ 的顶式吸附和桥式吸附结构。需要说明的是，由于过程复杂性，甲酸可
能的氧化机理尚在争论中，相关研究仍在进行中。

3.2.2　甲酸电氧化过程中的毒化机制

　　Willsau 等[33]首次通过将电化学差示质谱技术与同位素方法相结合，证明了
HCOOH 氧化的直接途径。通常，—COH、—CHO、—HCOO 和—COOH 被认为
是活性中间体，直到 Osawa 的研究小组[34]通过衰减全反射表面增强红外吸收光谱
（ATR-SEIRAS）检测到吸附在 Pt 电极表面的两个氧原子的桥键甲酸盐（HCOO$_b$*）。
然后有人提出了反对意见，Chen 等[35]提出桥键甲酸盐（HCOO$_b$*）不是反应性中
间体，而是参与甲酸电氧化的第三条路径。还预测在直接途径中，弱吸附的
HCOOH$_{ads}$ 前体（HCOOH*）被直接氧化为 CO$_2$，吸附的甲酸盐（HCOO$_b$*）充当
位点阻塞旁观者。这些结论是基于使用薄层电化学流动池 ATR-FTIR 技术的结果。
HCOO$_b$*只是旁观者的推测得到了 Neurock 等[36]的支持。他们的研究表明*COOH
可能是反应性中间体。此外，Wang 等[37]使用具有 Pt/H$_2$O 模型的密度泛函理论
（DFT）计算，HCOOH$_{ads}$（O-down）难以被氧化为 CO$_2$，并且 HCOOH$_{ads}$（CH-down）

可以在接近预吸附的情况下被氧化为 CO_2。这样的结果意味着甲酸盐（$HCOO_b*$）既不是活性中间体也不是位点阻断物质，而是甲酸直接氧化的催化剂。在另一项工作中，通过使用 DFT 计算，Jacob 的小组[38]研究了 HCOOH 在 Pt（111）上进行电氧化的机理，发现该过程涉及双重途径，包括通过吸附 HCOO*中间体的甲酸盐途径和通过吸附的 HCOOH*直接产生高度瞬态的 CO_2*中间体的直接途径。这两条途径强烈依赖于所施加的电位。后来，Osawa 的小组[39]观察到了一个火山形 pH 活性图，在 pK_a 附近获得了最大电流，他们修正了早期的观点，即 HCOO*是直接途径中的反应中间体，并表明甲酸根离子（$HCOO^-$）是主要的反应中间体。Pt 和 Pd 电极都遵循上述机制。Herron 等[40]指出 Pt 和 Pd 位于过渡金属的中间，平衡了两个脱氢步骤的要求，使得活性和稳定性达到了平衡。上述活性中间体的测定来自光谱结果或经典理论计算。最近，研究人员通过不同的方法研究了反应中间体的身份。结合实验结果和理论计算方法，Ferre-Vilaplana 等[41]提出反应中间体是单齿吸附甲酸盐（$HCOO_m*$），并且相邻吸附物的存在抑制了从 $HCOO_m*$到 $HCOO_b*$的转变。HCOO 为主要前驱体，$HCOO_b*$为以 HCOOH 为前驱体的位点阻断物质。近年来，基于单晶电化学和原位电化学傅里叶变换红外光谱（EC-FTIR），Chen 等[42]提出，在甲酸电氧化的直接途径中，甲酸盐是位点阻断物质，而不是活性中间体。通过将 ATR-SEIRAS 与紫外线（UV）反射测量相结合，Hartl 等[43]得到了一个有趣的发现：甲酸的恒电流电氧化涉及一个复杂的自催化回路。在此过程中，上述所有物种都发挥作用，结果来自恒电流氧化过程中的振荡。另外，最近关于甲酸电氧化的机理的讨论也在双金属催化剂上展开。例如，通过 DFT 计算，Meng 等[44]提出*COOH 中间体对铜表面上的 Pd 原子和 Pd 团簇起不同的作用；Pd 团簇的存在主要产生 CO_2，孤立的 Pd 原子则可以催化 HCOOH 离解形成 CO。此外，Yang 等[45]的研究结果表明，对于 $M_{core}@Pd_{shell}$(M = Cu, Au, Co, Ni, Ag, Al)双金属催化剂，M@Pd(M = Au, Co, Ni, Ag)，尤其是 M = Ag 时，是否通过 COOH 或 HCOO 中间体形成 CO_2，取决于核金属的类型。同时，在所研究的催化剂中，Au@Pd 倾向于通过*COOH 中间体而不是 HCO*中间体形成 CO。

在揭示甲酸电氧化的机理方面，电化学方法不能提供有关反应参数或中间体的直接信息，也不能在分子水平上提供有关电极/溶液界面的信息。另外，DFT 模拟环境与真实电极/溶液界面之间存在差距。因此，需要结合其他技术来实现原位表征，如差示电化学质谱（differential of electrochemical mass spectrometry，DEMS）、原位红外光谱（in-situ infrared spectrum，in-situ IR）、表面增强拉曼光谱（surface-enhanced Raman spectra，SERS）等。

对于中间物种的鉴定，由于实验仪器和条件的不同，研究人员选择的系统不同，报告的结论也有很大差异。根据目前的研究，也许最广为接受的双通路机制将是一个很好的研究起点，通过使用相同的实验方法来研究各种特定系统中各种形式的单金属和合金，包括单原子、单层原子、纳米粒子和由不同指数晶面组成。在进行系统的研究和总结后，应进行交叉比较，找出共同点和不同点。此外，在甲酸电氧化过程中一些可能的中间体寿命很短，目前的仪器可能不够灵敏，无法检测到它们。因此，开发新装置、改进现有仪器、检测针对短寿命中间体的特异性分解产物以及寻找合适的探针分子，对于清晰准确地揭示甲酸电氧化的反应机理非常重要。

综上，解决 CO 引起的电催化剂中毒问题主要有两种解决方案：一种是引入嗜氧活性位点，快速氧化 CO；另一种是消除某些表面位点，抑制 CO 的产生。

3.2.3 　甲酸在 Pt 基和 Pd 基催化剂表面的电催化行为

Pt 基和 Pd 基材料都是用于甲酸电氧化的最传统和最广泛使用的催化剂，但它们的研究挑战略有不同。对于 Pt 基材料，甲酸电氧化的间接途径和抑制一氧化碳的吸附是核心问题；提高稳定性是 Pd 基催化剂最关键的问题。到目前为止，研究人员已经为解决上述问题做出了很多努力。例如，控制形貌并暴露具有低配位数、开放结构和高表面能的高指数晶面[图 3-2（a）和（b）]可以显著提高甲酸电氧化的催化活性和稳定性。Huang 等[46]通过化学气相沉积（chemical vapor deposition，CVD）和合金化-脱合金形状调节工艺，合成了四面体形 Pt-M（M = Sb、Bi、Pb 或 Te）、炭黑上的 Pd-Bi 纳米晶体和四面体形 Pt/C-Bi 催化剂。合成的具有高指数（210）晶面的催化剂比商业 Pt/C 和 Pd/C 催化剂对甲酸显示出更高的电催化活性和稳定性。制备的催化剂在催化甲酸氧化时，遵循直接反应途径。

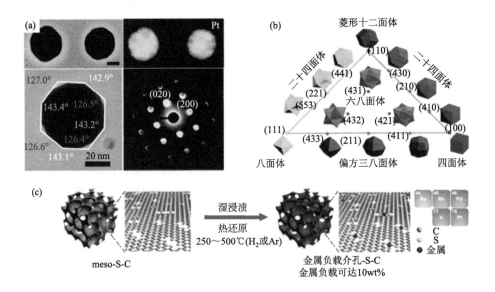

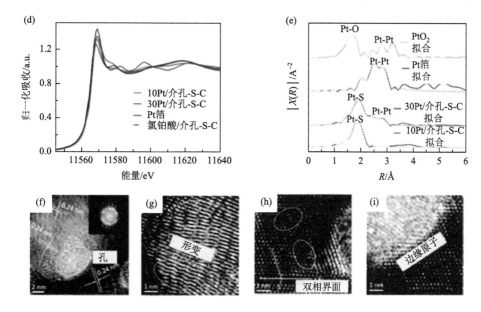

图 3-2　甲酸电氧化 Pd 基和 Pt 基催化剂

除了引入外来金属改性外，催化性能的提高主要归功于纳米催化剂的高指数晶面。需要注意的是，并非所有具有高指数晶面的金属都会提升甲酸电氧化的催化性能。已经发现金属纳米晶体的催化性能与表面结构有关。对于 Pt 和 Pd 单晶，其不同晶面对甲酸氧化的催化活性顺序为：Pt(110)＞Pt(111)＞Pt(100) 和 Pd(100)＞Pd(111)＞Pd(110)。对于 Pt 和 Pd 纳米晶体的高指数晶面，尽管在不同系统中进行了大量研究，但目前仍然没有准确的结论。四面体 Pd 的高指数晶面（$hk0$）已经被详细研究，并且发现甲酸氧化的氧化电流密度具有以下顺序：Pd(730)＜Pd(830)＜Pd(310)＜Pd(1030)＜Pd(1130)＜Pd(100)[47]。此外，Elnabawy 等[48]发现 Au、Ag、Cu、Pt 和 Pd 的开放面与其密堆积面相比对甲酸氧化需要的过电位更小，而 Ni、Ir 和 Rh 金属则相反。

利用金属与合适底物之间的相互作用，也可以提高甲酸电氧化的催化性能。例如，Wang 等[49]报道了在介孔硫掺杂碳（meso-S-C）上原子级分散的 Pt，经过 H_2 热还原过程后，Pt 负载量高达 10%[图 3-2（c）～（e）]。制备的杂化物对甲酸电氧化（FAEO）显示出增强的催化性能。还发现在 Pt/meso-S-C 中形成 Pt 簇会降低催化性能。然而，两种制备的样品都表现出比商业 Pt/C 更高的催化活性和稳定性。作者将改进的催化性能归因于大比表面积和包含丰富且易于接近的含硫位点的介孔结构，这种结构可以容纳高质量百分比的 Pt 原子。事实上，孤立的 Pt 位点和高 Pt 原子利用率有利于催化反应遵循直接途径。Ye 等[50]通过使用乙二醇作为还原剂的化学还原方法制备了 Pd/立方体-CeO₂ 复合材料。CeO₂ 的存在可以增加金属分散和 ECSA。同时，由于 Pd 分散在具有极性（100）表面和氧空位的立方氧化铈上，CeO$_2$ 中的高度储氧性和贵金属-氧化铈界面处的快速氧迁移率可以有效地阻止 Pd 被氧化并可以去除 CO 或其他毒化物种。在另一项工作中，Wang 等[51]使用微波辅助乙二醇法合成了 Pd-Fe$_2$P/C 催化剂，其中 Pd 纳米颗粒沉积在 Fe$_2$P-碳杂化载体上。快速的电荷转移动力学和适当下移的 d 带中心赋予了 Pd-Fe$_2$P/C 催化剂显著提高的 FAEO 催化性能。催化性能的提高主要归功于复合材料中 Fe$_2$P 的贡献，因为 Fe$_2$P 可以使吸附的 CO 和其他有毒中间体在极低的电位下被氧化。

此外，构建具有高比表面积、边缘区域和表面缺陷的特殊纳米结构也可以提高 FAEO 的催化活性和稳定性。例如，Ding 等[52]通过双模板电沉积方法合成了垂直 Pd 纳米管阵列（P-PdNTA）。大量的 Pd 纳米颗粒充当纳米管介孔壁的构建块。垂直和介孔结构提供了大的电化学活性比表面积和不易聚集的活性位点。此外，催化剂表面存在各向异性子结构，如台阶边缘和晶格缺陷（晶界、孪晶等）。这些独特的结构可以加速甲酸的运输、吸附和氧化。Yan 及其同事[53]报道了在尿素存在下一锅水热合成多孔半壳 Pd$_3$Pt。在这里，尿素被用作诱导表面活性剂以产生 NH$_3$ 和 CO$_2$，它们可以充当气泡用于构建中空或多孔结构的模板。FAEO 催化活性和稳定性的增强归因于高孔隙率、大电化学活性比表面积、快速传质、丰富的边缘原子以及大量晶体缺陷，如畸变、孪晶界和原子孔[图 3-2（f）～（i）]。Lu 等[54]使用单相合成方法制备了 Pt$_1$Au$_{24}$(SC$_{12}$H$_{25}$)$_{18}$ 纳米团簇，其几何形状与 Au$_{25}$ 纳米团簇相似。结果发现，虽然 Au$_{25}$ 纳米团簇对 FAEO 表现出非常差的电催化活性，但单个 Pt 原子掺杂在 Au$_{25}$ 簇的中心可以显著提高催化性能。在 Pt$_1$Au$_{24}$(SC$_{12}$H$_{25}$)$_{18}$ 纳米团簇中，单个 Pt 原子可以减少 CO 的产生，而 Au 原子可以保护催化剂免受 CO 中毒。因此，甲酸电氧化遵循直接途径，COOH*是优势的反应中间体。

将 Pt 或 Pd 与其他过渡金属合金化可以改变 d 带中心，从而改变吸附物质与电催化剂表面之间的相互作用。在此类研究中，使用高角度环形暗场扫描透射电子显微镜（HAADF-STEM）、X 射线粉末衍射（XRD）和能量色散 X 射线能谱（EDX）是研究合金结构的常用方法。例如，Duchesne 等[55]报道了一种使用乙二醇作为还原剂制备一系列铂金（Pt-Au）纳米颗粒的胶体方法。在这些纳米颗粒中，不同含量的铂在金表面进行了修饰，这些纳米颗粒可以根据其表面结构分类[图 3-3（a）]：具有单原子 Pt 位点的 Au（Pt$_7$Au$_{93}$ 和 Pt$_4$Au$_{96}$）、具有单原子和少原子 Pt 位点的 Au（Pt$_{17}$Au$_{83}$）和 Au-核/Pt-壳（Pt$_{78}$Au$_{22}$ 和 Pt$_{53}$Au$_{47}$）。铂原子数越少，甲酸氧化的电催化性能越好。表征结果表明，高催化活性和稳定性源于优化的元素组成、低 Pt 原子的配位数以及孤立的 Pt 原子防止催化剂通过产生 CO 导致中毒。其中，起催化活性的关键位点是由 Au 原子包围的单原子 Pt 表面位点。此外，Luo 等[56]通过一锅顺序络合—还原—排序过程合成金属间 PtSnBi 纳米片[图 3-3（b）～（f）]。在这项工作中，Bi 在具有 hcp 晶体结构的二维纳米片的形成和 HCOOH 氧化过

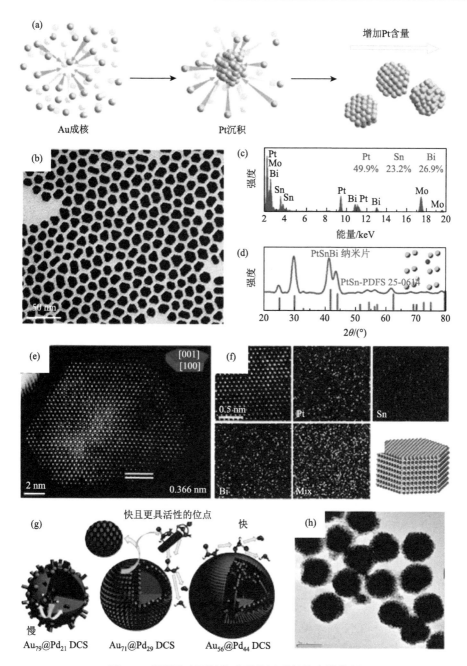

图 3-3　根据其表面结构分类的甲酸氧化电催化剂

（a）Pt-Au 电催化剂的合成及其（b）透射电镜图像；（c）Pt$_{45}$Sn$_{25}$Bi$_{30}$ 纳米片的 EDX 光谱和（d）XRD 图谱，其中插图为金属间化合物 Pt$_{50}$Sn$_{25}$Bi$_{25}$ 的晶胞；（e）经像差校正的 Pt$_{45}$Sn$_{25}$Bi$_{30}$ 典型六边形 HAADF-STEM 图像和对应的（f）高分辨率 HAADF-STEM 图像及代表区域对应的 EDX 图；（g, h）Au$_{79}$@Pd$_{21}$ DCS、Au$_{71}$@Pd$_{29}$ DCS 和 Au$_{56}$@Pd$_{44}$ DCS 的反应过程示意图，以及 Au$_{56}$@Pd$_{44}$ DCS 的 TEM 图像

程中抑制脱水路径方面发挥了关键作用。另外，Sn 可以通过与 H_2O 反应形成 Sn-OH$_{ads}$ 来促进 Pt 位点上的 CO 氧化。因此，PtSnBi 纳米片的高甲酸电氧化催化活性源于从 HCOO* 直接氧化为 CO_2 提高的催化选择性，而不是抗毒能力。更进一步，Yang 等[57]使用自组装工艺的种子生长方法制备了类似海胆的 Au$_{core}$@Pd$_{shell}$ 电催化剂[图3-3（g）和（h）]。制备的材料具有高 ECSA，暴露的活性位点更多，Pd 的 d 带中心变化明显。同时，Au 核和 Pd 壳之间不匹配的晶格常数导致晶格应变。这些因素可以调节甲酸分子、中间物种和氢氧化物自由基对 Pd 的吸附强度，从而优化脱氢步骤并促进 COOH$_{ads}$ 氧化为 CO_2。

3.2.4　甲酸在单原子催化剂表面的电催化行为

尽管 Pt 和 Pd 是迄今为止甲酸氧化最好的电催化剂，但它们的高成本和有限的储量在很大程度上阻碍了它们在燃料电池催化中的广泛应用。因此，开发用于甲酸电氧化的无 Pt 和 Pd 电催化剂至关重要，并且其已成为近年来的热门研究课题。许多研究发现，缩小金属纳米颗粒的尺寸可以带来传统催化剂不具备的优异催化性能。Li 等[58]报道了通过高温热解金属前驱体@MOF 复合材料得到负载在氮掺杂碳上的铱单原子催化剂（Ir$_1$/CN）。Ir$_1$/CN 对甲酸氧化的电催化性能高于商业 Pt/C，具有混合单原子和纳米粒子的 Pd/C、Ir/C 和 Ir$_1$/CN 催化剂。增强的催化活性和稳定性源于更有利的 COOH* 途径和 Ir-N$_4$ 活性中心上生成的使 COOH* 容易活化的 O—H 键。同时，孤立的 Ir 位点、高 Ir 原子利用率以及 Ir 与高导电性 CN 载体之间的相互作用也是提高催化活性的重要因素。然而，Pt$_1$/CN 和 Pd$_1$/CN 对甲酸的氧化没有电催化活性，打破了传统的印象。

在另一项研究中，Xiong 等[59]通过金属前驱体@Zn-MOF 复合材料的高温热解，在 N 掺杂的碳上合成了原子分散的 Rh（SA-Rh/CN），其中 Zn 离子位点被 Rh 原子取代（图3-4）。所获得的 SA-Rh/CN 对甲酸电氧化表现出良好的催化性能，但通过相同方法制备的 SA-Pd/CN 和 SA-Pt/CN 以及合成的在碳黑上的 Rh 纳米粒子（Rh/C）则对 FAEO 没有活性。有人提出，SA-Pd/CN 和 SA-Pt/CN 对中间体的键合能力弱，所以并不表现出对 FAEO 的催化能力。SA-Rh/CN 的高催化活性和稳定性源于 Rh 和 CN 载体相互作用形成 RhN4 结构、高的金属利用率和孤立的金属原子以及大比表面积的多孔结构。该研究还表明，CO 难以产生且易于去除。同时，SA-Rh/CN 在热力学和动力学上倾向于通过甲酸盐途径氧化甲酸，HCOO* 的 C—H 裂解是速率决定步骤。过渡金属（如铂和钯）包含未占据的 d 轨道和未配对的 d 电子。因此，当含有过渡金属的催化剂与反应物分子接触时，会形成具有各种特性的化学吸附键，从而达到活化分子的目的，降低复杂反应的活化能。

然而，要获得较高的催化性能，需要优化材料的结构和组成，如通过减小具有高指数面的纳米粒子的尺寸、选择合适的载体、调整孔径等，可以有效提高结构稳定性，有效减少电化学反应过程中非贵金属的溶解，并将模型催化剂（如金属单晶表面）研究中获得的结论应用于实际催化剂体系。需要指出的是，目前用于FAEO 的高性能非 Pt 和非 Pd 电催化剂很少。因此，迫切需要进一步详细的研究和调查。

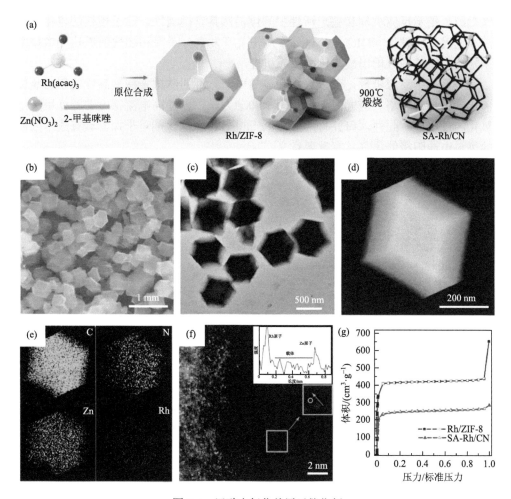

图 3-4　甲酸电氧化单原子催化剂

（a）SA-Rh/CN 催化剂的制备策略示意图。（b）SA-Rh/CN 的 SEM 和（c）TEM 图像。（d）HAADF-STEM 图像和（e）其对应的 EDS 图。（f）像差校正 HAADF-STEM 图像及对应的 z-对比度分析。确认的 Rh 原子和 Zn 原子分别用圆圈表示。由于 Rh 和 Zn 的原子序数不同，ACHAADF-STEM 图像中 Rh 原子的 z-对比度高于 Zn 原子。（g）SA-Rh/CN 和 Rh/ZIF-8 的 N$_2$ 吸附和解吸等温线

3.2.5　小结

作为直接液体燃料电池中典型的电催化反应，甲酸电氧化的研究引起了极大的关注，包括反应机理和高性能电催化剂的设计。然而，在甲酸电氧化系统提供足够的性能以满足基础研究和实际应用需求之前，仍有许多问题和挑战需要解决。具体如下：

（1）揭示反应机理和鉴定活性中间体仍然具有挑战性。除了传统的电化学方法和密度泛函理论（DFT）计算外，还需要开发高分辨率和超快的原位光谱技术来检测中间体并分析甲酸氧化的反应机理。

（2）基于反应机理，合理设计和调整电催化剂的结构是探索高性能甲酸氧化催化剂的理想策略。应同时考虑热力学和动力学，以提高电流密度并降低甲酸电氧化的过电位。此外，研究有效的非 Pt 和非 Pd 电催化剂对于探索具有成本效益的燃料电池阳极催化剂具有重要意义。

（3）合理平衡成本、耐久性和活性，实现直接甲酸燃料电池的商业化。

参 考 文 献

[1]　Kakati N，Maiti J，Lee S H，et al. Anode catalysts for direct methanol fuel cells in acidic media：do we have any alternative for Pt or Pt-Ru？[J]. Chemical Reviews，2014，114（24）：12397-12429.

[2]　Hamnett A. Mechanism and electrocatalysis in the direct methanol fuel cell[J]. Catalysis Today，1997，38（4）：445-457.

[3]　Mcnicol B D，Rand D A J，Williams K R. Direct methanol-air fuel cells for road transportation[J]. Journal of Power Sources，1999，83（1-2）：15-31.

[4]　Parsons R，Vandernoot T. The oxidation of small organic-molecules—a survey of recent fuel-cell related research[J]. Journal of Electroanalytical Chemistry and Interfcial Electrochemistry，1988，257（1-2）：9-45.

[5]　Pletcher D，Solis V. The effect of experimental parameters on the rare and mechanism of oxidation of methanol at a platinum anode in aqueous acid[J]. Electrochimica Acta，1982，27（6）：775-782.

[6]　Wang K，Gasteiger H A，Markovic N M，et al. On the reaction pathway for methanol and carbon monoxide electrooxidation on Pt-Sn alloy versus Pt-Ru alloy surfaces[J]. Electrochimica Acta，1996，41（16）：2587-2593.

[7]　Wasmus S，Küver A. Methanol oxidation and direct methanol fuel cells：a selective review[J]. Journal of Electroanalytical Chemistry，1999，461（1-2）：14-31.

[8]　Chandrasekaran K，Wass J C，Bockris J O M. The potential dependence of intermediates in methanol oxidation observed in the steady-state by FTIR spectroscopy[J]. Journal of the Electrochemical Society，1990，137（2）：518-524.

[9]　Dinh H N，Ren X M，Garzon F H，et al. Electrocatalysis in direct methanol fuel cells：in-situ probing of PtRu anode catalyst surfaces[J]. Journal of Electroanalytical Chemistry，2000，491（1-2）：222-233.

[10]　Herrero E，Chrzanowski W，Wieckowski A. Dual path mechanism in methanol electrooxidation on a platinum-electrode[J]. Journal of Physical Chemistry，1995，99（25）：10423-10424.

[11]　Chen Y X, Miki A, Ye S, et al. Formate, an active intermediate for direct oxidation of methanol on Pt electrode[J]. Journal of the American Chemical Society, 2003, 125 (13): 3680-3681.

[12]　Wang H, Loffler T, Baltruschat H. Formation of intermediates during methanol oxidation: a quantitative DEMS study[J]. Journal of Applied Electrochemistry, 2001, 31 (7): 759-765.

[13]　Ley K L, Liu R X, Pu C, et al. Methanol oxidation on single-phase Pt-Ru-Os ternary alloys[J]. Journal of the Electrochemical Society, 1997, 144 (5): 1543-1548.

[14]　Beden B, Lamy C, Bewick A, et al. Electrosorption of methanol on a platinum-electrode-IR spectroscopic evidence for adsorbed CO species[J]. Journal of Electroanalytical Chemistry and Interfical Electrochemistry, 1981, 121: 343-347.

[15]　Iwasita T, Nart F C. Identification of methanol adsorbates on platinum: an *in situ* FT-IR investigation[J]. Journal of Electroanalytical Chemistry and Interfical Electrochemistry, 1991, 317 (1-2): 291-298.

[16]　Wilhelm S, Iwasita T, Vielstich W. COH and CO as adsorbed intermediates during methanol oxidation on platinum[J]. Journal of Electroanalytical Chemistry and Interfical Electrochemistry, 1987, 238 (1-2): 383-391.

[17]　Frelink T, Visscher W, Vanveen J A R. On the role of Ru and Sn as promoters of methanol electrooxidation over Pt[J]. Surface Science, 1995, 335 (1-3): 353-360.

[18]　Arenz M, Mayrhofer K J J, Stamenkovic V, et al. The effect of the particle size on the kinetics of CO electrooxidation on high surface area Pt catalysts[J]. Journal of the American Chemical Society, 2005, 127 (18): 6819-6829.

[19]　Farias M J S, Tanaka A A, Tremiliosi-Filho G, et al. On the apparent lack of preferential site occupancy and electrooxidation of CO adsorbed at low coverage onto stepped platinum surfaces[J]. Electrochemistry Communications, 2011, 13 (4): 338-341.

[20]　López-Cudero A, Solla-Gullón J, Herrero E, et al. CO electrooxidation on carbon supported platinum nanoparticles: effect of aggregation[J]. Journal of Electroanalytical Chemistry, 2010, 644 (2): 117-126.

[21]　Marković N M, Ross P N. Surface science studies of model fuel cell electrocatalysts[J]. Surface Science Reports, 2002, 45 (4-6): 117-229.

[22]　Maillard F, Eikerling M, Cherstiouk O V, et al. Size effects on reactivity of Pt nanoparticles in CO monolayer oxidation: the role of surface mobility[J]. Faraday Discussions, 2004, 125: 357-377.

[23]　Lebedeva N P, Koper M T M, Feliu J M, et al. Role of crystalline defects in electrocatalysis: mechanism and kinetics of CO adlayer oxidation on stepped platinum electrodes[J]. The Journal of Physical Chemistry B, 2002, 106 (50): 12938-12947.

[24]　Lee S W, Chen S, Sheng W C, et al. Roles of surface steps on Pt nanoparticles in electro-oxidation of carbon monoxide and methanol[J]. Journal of the American Chemical Society, 2009, 131 (43): 15669-15677.

[25]　Salgado J R C, Duarte R G, Ilharco L M, et al. Effect of functionalized carbon as Pt electrocatalyst support on the methanol oxidation reaction[J]. Applied Catalysis B: Environmental, 2011, 102 (3-4): 496-504.

[26]　Lai S C S, Lebedeva N P, Housmans T H M, et al. Mechanisms of carbon monoxide and methanol oxidation at single-crystal electrodes[J]. Topics in Catalysis, 2007, 46 (3): 320-333.

[27]　Solla-Gullón J, Vidal-Iglesias F J, Herrero E, et al. CO monolayer oxidation on semi-spherical and preferentially oriented (100) and (111) platinum nanoparticles[J]. Electrochemistry Communications, 2006, 8 (1): 189-194.

[28]　Solla-Gullón J, Vidal-Iglesias F J, López-Cuderó A, et al. Shape-dependent electrocatalysis: methanol and formic acid electrooxidation on preferentially oriented Pt nanoparticles[J]. Physical Chemistry Chemical Physics, 2008, 10 (25): 3689-3698.

[29]　Yin A X，Min X Q，Zhang Y W，et al. Shape-selective synthesis and facet-dependent enhanced electrocatalytic activity and durability of monodisperse sub-10 nm Pt-Pd tetrahedrons and cubes[J]. Journal of the American Chemical Society，2011，133（11）：3816-3819.

[30]　Capon A，Parsons R. Oxidation of formic-acid at noble-metal electrodes.1. Review of previous work[J]. Journal of Electroanalytical Chemistry and Interfical Electrochemistry，1973，44（1）：1-7.

[31]　Zhang J W，Chen M W，Li H Q，et al. Stable palladium hydride as a superior anode electrocatalyst for direct formic acid fuel cells[J]. Nano Energy，2018，44：127-134.

[32]　Wang Y H，Liang M M，Zhang Y J，et al. Probing interfacial electronic and catalytic properties on well-defined surfaces by using in-situ Raman spectroscopy[J]. Angewandte Chemie International Edition，2018，57（35）：11257-11261.

[33]　Willsau J，Heitbaum J. Analysis of adsorbed intermediates and determination of surface-potential shifts by dems[J]. Electrochimica Acta，1986，31（8）：943-948.

[34]　Miki A，Ye S，Osawa M. Surface-enhanced IR absorption on platinum nanoparticles：an application to real-time monitoring of electrocatalytic reactions[J]. Chemical Communications，2002，150（14）：1500-1501.

[35]　Chen Y X，Heinen M，Jusys Z，et al. Kinetics and mechanism of the electrooxidation of formic acid—spectroelectrochemical studies in a flow cell[J]. Angewandte Chemie International Edition，2006，45（6）：981-985.

[36]　Neurock M，Janik M，Wieckowski A. A first principles comparison of the mechanism and site requirements for the electrocatalytic oxidation of methanol and formic acid over Pt[J]. Faraday Discussions，2009，140：363-378.

[37]　Wang H F，Liu Z P. Formic acid oxidation at Pt/H$_2$O interface from periodic DFT calculations integrated with a continuum solvation model[J]. The Journal of Physical Chemistry C，2009，113（40）：17502-17508.

[38]　Gao W，Keith J A，Anton J，et al. Theoretical elucidation of the competitive electro-oxidation mechanisms of formic acid on Pt（111）[J]. Journal of the American Chemical Society，2010，132（51）：18377-18385.

[39]　Joo J，Uchida T，Cuesta A，et al. Importance of acid-base equilibrium in electrocatalytic oxidation of formic acid on platinum[J]. Journal of the American Chemical Society，2013，135（27）：9991-9994.

[40]　Herron J A，Scaranto J，Ferrin P，et al. Trends in formic acid decomposition on model transition metal surfaces：a density functional theory study[J]. ACS Catalysis，2014，4（12）：4434-4445.

[41]　Ferre-Vilaplana A，Perales-Rondon J V，Buso-Rogero C，et al. Formic acid oxidation on platinum electrodes：a detailed mechanism supported by experiments and calculations on well-defined surfaces[J]. Journal of Materials Chemistry A，2017，5（41）：21773-21784.

[42]　Chen W，Yu A，Sun Z J，et al. Probing complex eletrocatalytic reactions using electrochemical infrared spectroscopy[J]. Current Opinion in Electrochemistry，2019，14：113-123.

[43]　Hartl F W，Varela H，Cuesta A. The oscillatory electro-oxidation of formic acid：insights on the adsorbates involved from time-resolved ATR-SEIRAS and UV reflectance experiments[J]. Journal of Electroanalytical Chemistry，2019，840：249-254.

[44]　Meng F H，Yang M，Li Z Q，et al. HCOOH dissociation over the Pd-decorated Cu bimetallic catalyst：the role of the Pd ensemble in determining the selectivity and activity[J]. Applied Surface Science，2020，511：145554.

[45]　Yang M，Wang B J，Li Z Q，et al. HCOOH dissociation over the core-shell M@Pd bimetallic catalysts：probe into the effect of the core metal type on the catalytic performance[J]. Applied Surface Science，2020，506：144938.

[46]　Huang L L，Liu M H，Lin H X，et al. Shape regulation of high-index facet nanoparticles by dealloying[J]. Science，2019，365（6458）：1159-1163.

[47]　Yu N F，Tian N，Zhou Z Y，et al. Pd nanocrystals with continuously tunable high-index facets as a model

nanocatalyst[J]. ACS Catalysis, 2019, 9 (4): 3144-3152.

[48] Elnabawy A O, Herron J A, Scaranto J, et al. Structure sensitivity of formic acid electrooxidation on transition metal surfaces: a first-principles study[J]. Journal of the Electrochemical Society, 2018, 165 (15): J3109-J3121.

[49] Wang L, Chen M X, Yan Q Q, et al. A sulfur-tethering synthesis strategy toward high-loading atomically dispersed noble metal catalysts[J]. Science Advances, 2019, 5 (10): eaax6322.

[50] Ye L, Mahadi A H, Saengruengrit C, et al. Ceria nanocrystals supporting Pd for formic acid electrocatalytic oxidation: prominent polar surface metal support interactions[J]. ACS Catalysis, 2019, 9 (6): 5171-5177.

[51] Wang F L, Xue H G, Tian Z Q, et al. Fe$_2$P as a novel efficient catalyst promoter in Pd/C system for formic acid electro-oxidation in fuel cells reaction[J]. Journal of Power Sources, 2018, 375: 37-42.

[52] Ding J, Liu Z, Liu X R, et al. Mesoporous decoration of freestanding palladium nanotube arrays boosts the electrocatalysis capabilities toward formic acid and formate oxidation[J]. Advanced Energy Materials, 2019, 9 (25): 1900955.

[53] Yan X X, Hu X, J Fu G T, et al. Facile synthesis of porous Pd$_3$Pt half-shells with rich "active sites" as efficient catalysts for formic acid oxidation[J]. Small, 2018, 14 (13): 1703940.

[54] Lu Y Z, Zhang C, M Li X, K et al. Significantly enhanced electrocatalytic activity of Au-25 clusters by single platinum atom doping[J]. Nano Energy, 2018, 50: 316-322.

[55] Duchesne P N, Li Z Y, Deming C P, et al. Golden single-atomic-site platinum electrocatalysts[J]. Nature Materials, 2018, 17 (11): 1033-1039.

[56] Luo S P, Chen W, Cheng Y, et al. Trimetallic synergy in intermetallic PtSnBi nanoplates boosts formic acid oxidation[J]. Advanced Materials, 2019, 31 (40): 1903683.

[57] Yang L, Li G Q, Chang J F, et al. Sea urchin-like Au$_{core}$@Pd$_{shell}$ electrocatalysts with high FAOR performance: coefficient of lattice strain and electrochemical surface area[J]. Applied Catalysis B: Environmental, 2020, 260: 118200.

[58] Li Z, Chen Y J, Ji S F, et al. Iridium single-atom catalyst on nitrogen-doped carbon for formic acid oxidation synthesized using a general host-guest strategy[J]. Nature Chemistry, 2020, 12 (8): 764-772.

[59] Xiong Y, Dong J C, Huang Z Q, et al. Single-atom Rh/N-doped carbon electrocatalyst for formic acid oxidation[J]. Nature Nanotechnology, 2020, 15 (5): 390-397.

第4章 氧还原反应

4.1 氧还原催化剂设计理论

4.1.1 贵金属催化剂设计理论

随着人类社会的快速发展，人们日常的生产和生活对能源的需求日益增长，其中化石燃料的大量使用造成了不可逆转的环境污染问题。质子交换膜燃料电池（PEMFC）以氢为燃料，通过电化学方式将氢和氧转化为水直接发电，其能量密度高、转换效率高、环境友好，具有替代内燃机的发展潜力。但是，燃料电池反应过程中的半反应之一氧还原反应（ORR）动力学缓慢，过电位高，在实际电流密度下，ORR 的起始电势约为 0.3～0.4 V，低于可逆热力学电势 1.23 V，导致 PEMFC 的能量转换效率较低，Pt 基催化剂是目前最好的 ORR 催化剂，但是 Pt 基催化剂的成本和寿命问题在很大程度上阻碍了燃料电池大规模的商业化应用[1, 2]。因此降低 Pt 催化剂载量，开发高活性兼具高稳定性的低 Pt 催化材料是当前国际能源化学前沿聚焦的热点。

掌握氧还原反应的机理，决速步骤及其与电催化剂结构之间的关系，有助于理解催化剂的结构与组成是如何改变氧还原反应的速率，并为催化剂的设计提供有力指导的。氧还原反应是一个多电子反应，主要有两种途径：第一种是直接的四电子还原，即氧分子依次得到四个电子和四个质子最后生成水；第二种是间接的途径，氧分子首先得到两个电子与两个质子生成过氧化氢，过氧化氢再得到两个电子生成水，过氧化氢也有可能不在电极表面反应，直接作为最终产物扩散到溶液中。一般情况下，氧还原反应生成水比生成过氧化氢容易，只有当电极表面有强吸附物种（如阴离子或氢吸附）时，氧分子在 Pt 电极上还原才有可能生成过氧化氢[图 4-1（a）]。对于 Pt 基催化剂而言，ORR 通常采用四电子路径，反应机理如下[3, 4]：

$$O_2 + Pt \longrightarrow Pt\text{-}O_2 \tag{4.1}$$

$$Pt\text{-}O_2 + H^+ + e^- \longrightarrow Pt\text{-}HO_2 \tag{4.2}$$

$$Pt\text{-}HO_2 + Pt \longrightarrow Pt\text{-}OH + Pt\text{-}O \tag{4.3}$$

$$Pt\text{-}OH + Pt\text{-}O + 3H^+ + 3e^- \longrightarrow 2Pt + 2H_2O \tag{4.4}$$

对于氧还原反应过程中涉及的含氧中间体（*OOH、*OH 等），理论结果表明它们的吸附能不可能随着催化剂的变化而发生独立的改变，它们的结合能之间存在线性关系，当知道了一种中间体的吸附能就可以根据线性关系估算其他中间体的吸附能，从而预测反应达到最大电流时所需要的超电势和吸附能 G_{OH}^* 之间的函数图［图 4-1（b），（c）］。不同材料对于反应物氧物种的吸附能存在差别，根据吸附能的强弱可得到具有指导意义的 Sabatier 火山型曲线图［图 4-1（d）］。如果催化剂表面与氧结合太强，ORR 活性将受到 O_{ad} 或 OH_{ad} 的限制，而结合太弱则会限制 O—O 键断裂。因此，通过调控 Pt 的几何结构和电子结构，优化氧还原反应过程中含氧物种的吸附能，能够有效实现 Pt 基催化剂活性的提升[2]。

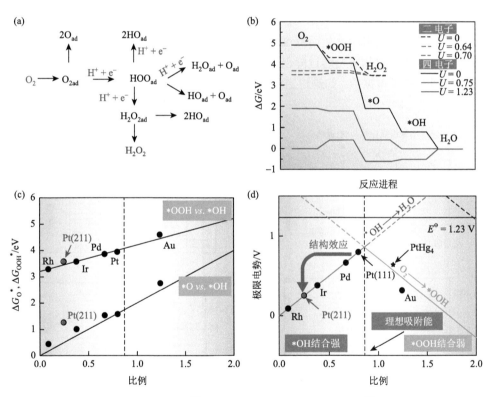

图 4-1　（a）Pt 表面 ORR 反应路径[1]；（b）Pt（111）表面的自由能图[5]；（c）各种金属（111）表面上*OOH 结合自由能和*O 结合自由能的比例关系；（d）极限电位与*OH 结合自由能的关系，蓝色实线一侧代表强吸附，绿色实线一侧代表弱吸附[6]

4.1.1.1　d 带理论

Nørskov 和 Hammer 在 20 世纪 90 年代通过分析吸附质与不同过渡金属的

（111）表面之间的相互作用，建立了将吸附质的表面吸附行为与过渡金属的 d 态联系起来的 d 带理论。该理论将表面吸附强度与金属的 d 带填充联系起来。将过渡金属表面的电子态分为两组：sp 带和 d 带。由于所有过渡金属都具有相似的 sp 带[图 4-2（a），蓝色]，它们与被吸附物的价态的相互作用几乎是相同的，因此它们在不同的表面上对吸附能的贡献没有变化。因此，各种过渡金属表面上吸附行为的差异主要取决于被吸附物的价态和金属 d 态[图 4-2（a），红色]之间的不同耦合。由于 d 带较窄，能级分裂为吸附物种与金属 d 态之间的成键轨道以及 d 带以上的反键轨道。由于反键轨道接近费米能级，因此含氧物种的吸附强度与反键轨道的填充度有关。反键轨道的填充又与 d 带中心相对于费米能级的位置密切相关，d 带中心的上移（下移）将导致反键状态上移（下移）并减少（增加）反键填充，从而导致更强（较弱）的吸附[7]。因此，通过调控金属的电子态可以有效调节氧还原中间物种的吸附能，从而提高催化剂的本征活性。对于 Pt 基催化剂而言，Pt 表面吸附过强，因此需要通过降低 d 带中心来减弱对氧的吸附，第一种方法是改变 d 轨道的电子占据数，如通过第二种金属或者载体的作用与 Pt 发生电子的转移

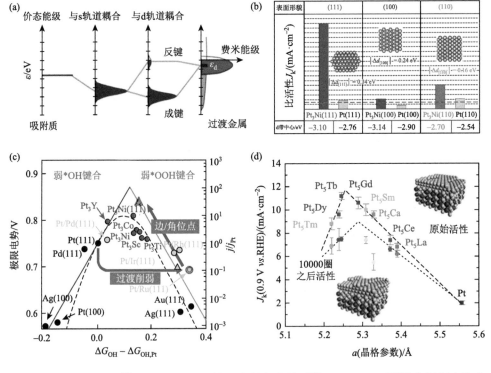

图 4-2   （a）d 带模型[6]；（b）不同晶面的 Pt 与性能的关系[1]；（c）OH$_{ad}$ 吸附能与极限电势火山型关系[2]；（d）稀土合金晶格参数与动力学电流的火山型关系[10]

来改变它的电子结构和活性；第二种方法是改变态密度的形状，态密度的形状与原子间的相互作用有关，原子间相互作用越强，d 轨道的重合度就越强，态密度变长，d 带中心下降，吸附能变弱。基于 d 带理论，通过晶面效应、配体效应和应变效应对 Pt 的 d 带中心进行调制，可以有效提升 Pt 基催化剂的本征活性[8, 9]。

4.1.1.2　晶面效应

基于 d 带理论，d 带中心与金属原子的配位数有关，因此，Pt 对氧还原的催化活性在很大程度上依赖于暴露的晶面。1979 年，Ross 等首先利用固定式单晶电极研究了低指数 Pt 表面 ORR 的结构敏感性及其对表面原子配位数（CN）的依赖性。随后，Marković 等[11]发现在 $0.1 \ mol \cdot L^{-1}$ $HClO_4$ 中，ORR 活性顺序为（110）＞（111）＞（100）[图 4-2（b）]。设计表面可控的 Pt 或 Pt-M 合金纳米颗粒是提高 Pt 催化剂 ORR 活性的有效策略。例如，Stamenkovic 组[12]发现单晶 Pt_3Ni（111）表面具有独特的电子结构，表现出创纪录的高 ORR 比活性。受此启发，许多工作集中在制备具有（111）晶面的 PtNi 合金纳米颗粒，如 Strasser 小组合成了具有（111）面的八面体 Pt_xNi_{1-x} 纳米颗粒，并发现了具有富 Pt 边框和富 Ni（111）晶面的纳米结构，这导致了八面体纳米颗粒的各向异性元素浸出和结构演变。实验发现富含 Ni 的 Pt_xNi_{1-x} 纳米粒子晶格结构演变之后会导致（111）晶面损失，抑制了 ORR 活性[13]。以上结果表明，通过调控晶面可以有效调节 ORR 活性，同时也体现了在纳米催化剂中实现单晶面的高比活性仍然具有很大的挑战。

4.1.1.3　配体效应

调控过渡金属合金的组成可以改变催化位点周围的原子，从而改变电催化剂的 d 带电子结构，这被称为配体效应。如 Stamenkovic 绘制了 Pt_3M 合金的 ORR 活性与 Pt 壳表面和 Pt 骨架表面的 d 带中心之间的 "火山形" 曲线（M＝Ni，Co，Fe，Ti，V）[14]。当 d 带中心离费米能级太远时，表面的 OH_{ad} 和阴离子覆盖率较低，但 O_2 和中间体的结合能太弱，无法确保 ORR 高周转率（如 Pt_3V，Pt_3Ti 等）；当 d 带中心接近费米能级时，Pt 金属表面与氧/氧化物/阴离子结合太强，Pt 位点被吸附物种覆盖，ORR 速率受到限制。只有当反应物中间含氧物种吸附强度适中时，才能显示出优异的 ORR 活性[图 4-2（c）]。此外，配体效应还取决于亚表面层中过渡金属原子的浓度。如在近表面合金（NSA）Cu/Pt(111)单晶电极中，随着亚表面 Cu 浓度的增加，比活性呈现火山型关系，这是由于亚表面 Cu 和表面 Pt 之间的配体效应增强，OH_{ad} 在 Pt 表面的吸附逐渐减弱[15]。该研究表明，通过调控近表面成分可以有效地利用配体效应调节 Pt 基催化剂的 ORR 活性。

4.1.1.4　应变效应

应变效应是由 Pt 与第二过渡金属晶体结构或晶格参数的差异引起的核壳晶格失配引起的。应变效应对 Pt 基催化剂表面吸附能的影响，通常可以用 d 带理论来解释。当晶格压缩时，Pt 原子之间的距离缩短，原子间相互作用越强，d 轨道的重合度就越强，态密度变长，d 带中心下降，吸附能变弱。通过表面应变的调节可以有效调控 Pt 基催化剂表面与反应中间体之间的结合能，从而改变 ORR 反应速率和催化活性[6]。如 Peter Strasser 团队[16]通过脱合金制备了各种晶胞参数 PtCu 纳米粒子，探究了 Pt 基纳米催化剂的晶格应变和 ORR 活性之间的定量关系，提出了预测 ORR 活性与应变之间的火山型关系。值得注意的是，配体效应和应变效应通常共存于 Pt 合金中，当 Pt 表面厚度超过 3 个原子层时，配体效应可以忽略不计；当 Pt 表面厚度超过 5 个原子层后，应变效应逐渐减小。为了在没有配体效应的情况下调整表面应变，Chorkendorff 团队[10]以酸浸后壳层厚度约为 5 个原子层的 Pt-镧系元素合金为研究对象，精准地研究了 ORR 活性与应变效应之间的关系。随着镧系元素原子半径减小，表面压缩应变增加，OH_{ad} 吸附能降低，其中 Pt_5Gd 是 Pt-镧系合金中最佳的 ORR 电催化剂［图 4-2（d）］。此外，构建双缺陷也可以有效地调控 Pt 表面的应变效应，夏幼南团队通过控制 Pt 在 Pd 十面体种子上的沉积，合成了多孪核壳凹十面体 Pd@Pt。Pt 原子沉积并堆积在 Pd 核上形成连续的覆盖层，导致 Pt 壳上的压缩应变，因此，凹形 Pd@Pt 十面体表现出了优异的 ORR 活性[17]。

4.1.2　非贵金属催化剂设计理论

贵金属 Pt 基催化剂的大量需求所带来的经济可行性问题阻碍了燃料电池的商业化。随着阴极非贵金属催化剂的研究日益深入，最新的研究成果使其具备了应用的潜力。本节系统阐述了非贵金属氧还原催化剂的反应原理和设计理论，强调了先进表征工具的不可或缺的作用，列举了各种成功的合成方法。这一研究领域的未来方向是理性合成具有高位点密度的催化剂，以及开发有效缓解催化剂降解的策略。

4.1.2.1　氧还原在非贵金属催化剂上的反应机理

根据 Wroblowa 等提出的多电子 ORR 的经典模型，O_2 经历直接四电子过程还原为 H_2O［式（4.5）］，或经历二电子过程还原生成 H_2O_2［式（4.6）］。生成的 H_2O_2

可以进一步还原为 H_2O，这涉及另一个位点上的二电子转移过程[式（4.7）]，被认为是一条连续反应的途径（图 4-3）。

$$O_2 + 4H^+ + 4e^- \longrightarrow 2H_2O \qquad (4.5)$$

$$O_2 + 2H^+ + 2e^- \longrightarrow H_2O_2 \qquad (4.6)$$

$$H_2O_2 + 2H^+ + 2e^- \longrightarrow 2H_2O \qquad (4.7)$$

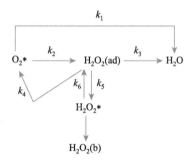

图 4-3　Wroblowa 模型

直接四电子途径由于能量转换效率高和不受 H_2O_2 的有害影响而受到普遍重视。Ohsaka 课题组[18]的研究表明，Fe/N/C 催化剂中二电子和四电子还原中心共存，在高电极载量时反应路径以四电子途径为主，而在低电极载量时以二电子途径为主。在 Pt/C 催化剂上只有四电子反应途径的活性中心，使得 ORR 可以通过直接四电子途径进行。Choi 等[19]确定了 Fe/N/C 催化剂中过氧化氢还原的活性中心，即 FeN_xC_y 和 Fe@N-C 物种，进一步证实了连续（或间接）四电子途径的可能性。许多其他研究也支持这样一个事实，即在大多数非贵金属催化剂上，ORR 两种反应路径同时进行，从而使四电子转移的选择性成为评价 ORR 催化剂的重要指标之一。

ORR 的具体基元反应步骤要复杂得多，因为它不仅涉及多个中间体，还涉及其他影响因素，如质子耦合电子转移过程和电位相关的电极结构变化。我们目前的理解主要基于与实验观察相对应的理论计算，认为可能的 ORR 中间体和途径如图 4-4 所示。

由于非贵金属催化剂中的反应过程高度依赖于催化位点结构和反应环境，ORR 中的决速步和动力学途径仍存在着争论。例如，在高 pH 下，O_2 分子可以通过外电子转移机制，不直接吸附*OH 物种，实现活性中心上的氧还原过程（4.3 节），但 O_2 的初始吸附对酸性电解质中的 ORR 催化过程至关重要，只有当催化位点具有既不太强也不太弱的最佳（*OH）结合能时，才有较好的本征反应活性。吸附过强会阻碍反应中间物种的脱附，吸附太弱会使催化中心活化 O_2 的效率变低。在

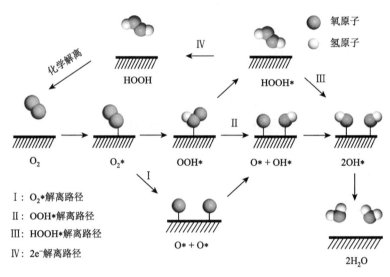

图 4-4　可能的 ORR 基元反应步骤[20]

Fe-N$_4$、Co-N$_4$ 和 Mn-N$_4$ 位点上，OOH*解离途径为决速步。对于 M-N$_x$/C 催化剂，ORR 过程中通常涉及中心金属的氧化还原转变，其中与 O$_2$、ORR 中间体和/或产物在金属阳离子上的吸附/解吸直接相关。Mukerjee 等[21]研究认为 Fe-N-C 催化剂表面 Fe-N$_4$ 位点被高电位下水活化形成的羟基物种占据。Fe^{3+}-N$_4$ 与氧物种之间过大的吸附能阻碍 O$_2$ 分子的初始吸附，直到随着羟基物种被去除活性位点还原为 Fe^{2+}-N$_4$ 形式。然而，Holby 等[22]预测 OH*结合会在含水条件下自发形成，改变多金属原子的位点，使 ORR 反应在热力学上更有利，而不是毒化活性中心。Zhou 课题组最近的计算结果表明，在 0.28～1.00V 的较宽电位范围内，Fe-N$_x$/C 催化剂中的单原子 Fe 中心也被 OH*覆盖，OH*物种可以优化 ORR 中间体的键合。同理，在 Mn-N$_x$/C 催化剂上也发现了类似的自调节机理。总的来说，由于 M-N$_x$ 配位结构的独特性以及局部碳基底等其他因素的影响，M-N$_x$/C 催化剂上 ORR 的确切机理仍有待进一步研究。

4.1.2.2　大环化合物 MN$_4$ 催化剂的设计

Jasinski[23]受生物酶的启发，于 1964 年开始了关于使用酞菁钴进行非贵金属催化剂的 ORR 反应研究。各种具有 M-N$_4$ 中心配位结构的金属大环配合物被证实具有氧还原活性。为了改善反应物和电子的传输，通常将金属大环配合物吸附或负载到碳载体上。MN$_4$ 配合物的反应活性与金属中心对反应中间体的吸附强度密切相关，这主要取决于金属中心的性质及其配位环境。一般认为，M-N$_4$ 位点上的氧还原反应伴随着中心金属离子的快速氧化还原转变（M^{III}-OH + e$^-$ ——

$M^{II+}OH^{-}$），因此现已经建议将 M^{III}/M^{II} 氧化还原电位作为反应描述符。对于具有不同金属中心或配位结构的 MN_4 配合物，绘制了活性与 M^{III}/M^{II} 氧化还原电位的火山型曲线图（图 4-5）。

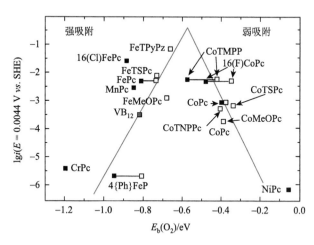

图 4-5 大环化合物金属中心 M^{III}/M^{II} 氧化还原电对与电催化活性间的火山型关系

M^{III}/M^{II} 氧化还原电位与金属中心和 O_2 间的结合能 $E_b(O_2)$ 线性相关，这可能是由于以下因素的综合作用：①M^{III}/M^{II} 转变受—OH 的结合强度控制；②不同含氧中间体在同一活性中心上的结合能遵循线性关系。与金属电极类似，分子型 MN_4 催化剂的活性遵循 Sabatier 原理，即需要接近火山图顶点的 $E_b(O_2)$ 才能达到最大活性（图 4-5）。上升曲线上的配合物（如铁、锰配合物）与中间体结合能力强，催化四电子转移的氧还原过程，而强吸附—OH 的释放是最终活性的决速步。以 Co、Ni 配合物为代表的下降曲线（弱结合能侧）则催化二电子转移的氧还原过程。但是，钴界面双核卟啉和二聚钴卟啉在酸性条件下也可以通过四电子途径催化氧还原，这是因为 O_2 与两个钴中心结合促进了 O—O 键断裂。

大环分子上的侧基，无论是附着在中心金属原子上还是它周围的 N_4 环上，对"活动火山"上 M-N_4 位的位置都有很大的影响。例如，虽然具有相同的 Fe-N_4 配位，但酞菁铁和卟啉铁显示出非常不同的催化活性。配体桥联原子（酞菁铁桥联原子 N 和卟啉铁桥联原子 C）与 O_2 的结合方式对 Fe—O 键的键长有很大的影响。与卟啉铁（2.4 Å）相比，酞菁铁具备更长的 Fe—O 键（2.6 Å），其对氧气的吸附较弱，这也是酞菁铁具有更高氧还原活性的原因。在八面体 MN_4 配合物中，四个氮基配体构成一个正方形平面，一旦轴向位置被另一个配体占据，对称场就会受到扰动，由此引起的能级变化对金属中心 M 和氧气之间的结合强度产生了影响，从而改变催化剂活性。除了配体的突出作用外，对具有不同外围取代基的金属卟啉的广泛研究表明，F^-和SO_3^-等吸电子基团可以使M^{III}/M^{II}氧化还原电位正向移动，加速氧化还原反应动力学，而给电子基团的取代结果影响则相反。MN_4大环化合物周边取代基的可调性给其性能调控留下了一定的空间，如引入吸电子基团的铁基配合物大多位于火山型曲线的强结合侧。

4.1.2.3　热解型 M-N$_x$/C 型催化剂的设计

早期研究的分子型 MN_4 催化剂大多存在活性和稳定性不高的问题，特别是在酸性条件下问题尤为严重。直到 1976 年，Jahnke 等合成了一类性能优异的热解 M-N$_x$/C 催化剂（或称为 M/N/C 催化剂）才初步解决了这个问题，这一工作揭示了热处理（500～900℃）步骤的重要性[24]。另一个重大突破出现在 1989 年，Yeager 团队通过热解含有金属盐、含氮化合物和高比表面积碳的混合物，获得了一种性能更优的催化剂。使用这些前驱体摆脱了对价格昂贵的大环化合物的依赖，大大降低了原材料成本[25]。在接下来的几十年里，各种金属、氮、碳源的前驱体组合被用来制备 M-N$_x$/C 催化剂，使得非贵金属催化剂在本征活性和稳定性方面都有了很大的进步。2009 年，Dodelet 研究小组[26]证明了 M-N$_x$/C 催化剂可以提供可观的质子交换膜燃料电池性能，获得的最佳 Fe/N/C 催化剂在 0.8 V 时的实际体积活性为 99 A·cm^{-3}，认为活性中心是固定在微孔中的四个吡啶氮配位的 Fe^{2+}。2011 年，该课题组[27]采用微孔沸石-咪唑骨架（ZIF）作为前驱体，合成的催化剂具备更高的体积活性（230 A·cm^{-3}），这非常接近 2015 年美国能源部设立的非贵金属催化剂性能目标（300 A·cm^{-3}）。同年，Zelenay 等[28]以日本科琴碳黑（Ketjen black）、聚苯胺和金属前驱体为原料，制得了性能优良的 M/N/C 催化剂（M = Fe/Co），性能最好的催化剂在酸性电解液中表现出比 Pt/C 催化剂仅低 60 mV 的半波电位，在燃料电池性能测试中表现出非常好的耐久性。从此，M-N$_x$/C 催化剂迎来了一个快速发展的时代。

图 4-6 展示了 M-N$_x$/C 催化剂的一般合成过程。图中所示的酸洗步骤可以除去不稳定的金属，减少对电解质的污染，并提高催化剂的稳定性。二次热解步骤一般不会改变活性物质的性质，但会影响其他与 ORR 活性有关的因素，如表面 N 的功能性和活性位点的丰度。在对 M-N$_x$/C 催化剂中活性中心理解的基础上，设计高性能催化剂的未来方向主要在于提升 M-N$_x$ 位点的密度、可接触性和内在活性方面，在设计催化剂的合成过程时这些因素都应该考虑。

1）调控前驱体

前驱体设计的关键要素是确保金属在前驱体中有很好的分散性和防止金属在热解过程中聚集。在早期工作中，一般通过热解含氮元素的小分子（或 NH_3）、有机或无机金属源以及商业碳载体的复合物来制备 M-N$_x$/C 催化剂。由于其在表层中富集，因此这种方法能够有效利用活性位点。但是，由于缺乏合适的孔或表面

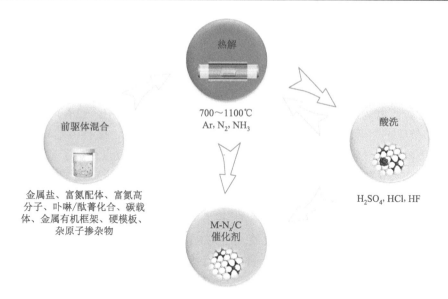

图 4-6　典型的 M-N_x/C 催化剂的合成过程示意图

官能团来固定金属原子，故金属在热解过程中易于聚集，这可能导致了 M-N_x/C 催化剂中存在明显的纳米颗粒，从而导致活性降低。Sa 等用二氧化硅保护层覆盖了铁卟啉吸附的碳纳米管（CNT）的表面，以抑制铁基颗粒的形成并优先生成 Fe-N_x 位点，制备的 CNT/PC 催化剂在三电极和 PEMFC 测试中均显示出优异的性能[29]。

　　使用简单的多碳小分子代替炭黑作为碳源可以使合成的方法更加灵活，但伴随着元素的高损失率和热解过程中严重的结构破坏的问题，这不仅会导致金属聚集，而且产物呈现堆叠结构，使得许多活性位点难以接近。由于发现可将聚苯胺同时用作 C 源和 N 源来获得高 ORR 活性的 Fe，Co/N/C 催化剂，因此对各种富含 N 的聚合物进行了广泛的研究。从这类前驱体衍生的催化剂具备高活性的原因可能是这些聚合物富含均匀分布的 N 基团，这使金属更好地分散并促进了 M-N_x 的形成。同时，这些催化剂具有较高的吡啶二氮含量。

　　目前一些研究表明，金属有机骨架（MOF）具有能够合成高度多孔以及 M-N_x 富集的催化剂的前体的优势，其中 ZIF 系列是最优选择。Li 的课题组设计了一种 Zn/Co 双金属 MOF 前体，其中 Zn^{2+} 和 Co^{2+} 与 2-甲基咪唑按适当比例均匀配位。Zn 的插入使得在相邻的 Co 原子之间产生了空间壁垒，并且通过高温（>800℃）挥发能够除去 Zn 原子。可以考虑使用这样的观念和方法来合成热解 SACs。也可以采用 Cd 代替 Zn，因为 Cd 的挥发温度更低，实现低温牺牲骨架原子。

　　在制备 Fe 掺杂的 ZIF 前驱体期间，Fe^{2+} 容易被环境中 O_2 氧化为 Fe^{3+}，而 Fe^{3+} 的水解能力更强，并且水解将导致所得催化剂中的 Fe 聚集。在这方面，Zheng 等通过在 Ar 气的保护下进行 Fe 掺杂来稳定 Fe^{2+}。获得的 Fe-N_x/C 催化剂显示出均匀的 Fe 分散，没有任何基于 Fe 的颗粒，并且显示出很高的 ORR 活性，其在酸性介质中的半波电势为 0.82V。

2）调节孔结构和活性位点分布

对于非贵金属催化剂，除需要足够的活性位点密度，我们还期望最大程度地提高活性位点利用率。M-N_x 位点主要存在于催化剂的微孔中，已有研究者证明 Fe-N_x/C 催化剂的活性与微孔表面积呈线性关系。而实际上，微孔很难与 ORR 反应物氧气接触，导致在氧还原的反应过程中，有许多活性位点充当了旁观者。相反，介孔和大孔的存在使稳定的传质成为可能。因此，有报道证明了构建分级多孔结构可以提高活性位点的利用率。Stariha 等[30]用硝酸铁和不同的含氮聚合物作为前驱体，以二氧化硅纳米球为模板制备了 Fe-N_x/C 催化剂。他们认为催化剂本身和 MEA 催化剂层中更好的孔连通性对燃料电池性能至关重要。水江澜教授的课题组通过静电纺丝制备了一种相互连接的多孔纳米网络 Fe-N_x/C 催化剂 [图 4-7（a）]，得益于每条微孔纳米纤维都有丰富的催化位点，相互连接的纳米纤维之间的大孔空隙促进了传质，故在单电池测试中，催化剂在 0.8 $V_{iR\text{-}free}$ 条件下的体积活性达到了 450 A·cm^{-3}[图 4-7（b）]，并获得了 0.9 W 的峰值功率密度

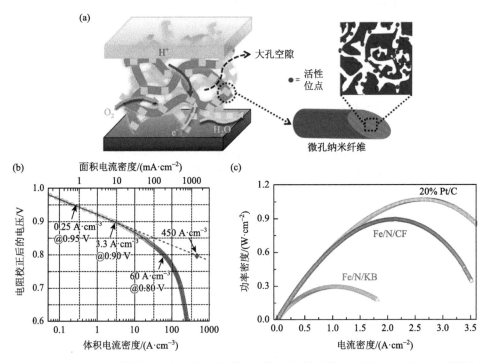

图 4-7　（a）Fe/N/CF 催化剂中大孔-微孔结构和电荷/质量转移的示意图；（b）在 H_2-O_2 燃料电池中 Fe/N/CF 的动力学活性的 Tafel 图；（c）以 Fe/N/CF、市售 20%Pt/C 或 Fe/N/KB 作为阴极催化剂燃料电池功率密度曲线

［图 4-7（c）］，远优于普通的 Fe/N/KB 催化剂[31]。Shang 课题组[32]开发了一种用二氧化硅保护的煅烧方法，二氧化硅涂层有效地抑制了催化剂颗粒不良聚集，并促进了介孔的生成。鉴于不可避免地使用强碱或剧毒的 HF 来去除 SiO_2 模板，故使用 NaCl 硬模板更加环保和安全。Zhang 等[33]引入 NaCl，通过增加催化剂比表面积和孔隙率，并且促进氮掺杂和 $Fe-N_x$ 位点的产生，提高了 $Fe-N_x/C$ 催化剂的性能。纯微孔是 ZIF 衍生物作为前驱体的缺陷之一，可能会留下许多无法获得的更深的活性中心。Ye 课题组[34]的一项代表性工作中，使用铁源（柠檬酸铁铵）在制备的前驱体 ZIF-8 表面上借助溶剂进行改性，该热解产物显示出相比用铁源对 ZIF-8 进行整体官能化所制备的产物更好的 ORR 活性，这是由于催化剂表面富集了 $Fe-N_x$ 部分，从而使活性位点的暴露度更高。

3）杂原子掺杂

非氮杂原子配体直接影响金属中心的能级。邢巍课题组制备了具备超高转换频率（turnover frequency，TOF）1.71 $e \cdot s^{-1} \cdot$ 位点$^{-1}$（$e \cdot s^{-1} \cdot$ 位点$^{-1}$ 表示单位时间内、单位活性位上发生反应的次数）的 $Fe-N_x/C$ 催化剂，并认为该催化剂中真实的活性位点为高自旋的 $O-Fe^{3+}-N_4$，位点还原为 $HO-*Fe^{2+}-N_4$ 低于 Fe^{2+}/Fe^{3+} 的氧化还原电位。反应过程中自发形成的 *OH 作为吸电子改性剂降低了活化能垒来促进 ORR。在后续工作中，使用富含 O 的前驱体来引入更稳定的氧吸电子基，从而形成通过 Fe-O-Fe 桥连接两个相邻的 FeN_4 位点。Fe-O-Fe 中的 O 吸引了 Fe 的 d 轨道电子，从而削弱了 ORR 中间体的吸附强度，获得的 Fe(Zn)-NC 催化剂表现出很好的 ORR 活性，半波电位为 0.83 V，单位点 TOF 高达 3.2 $e \cdot s^{-1} \cdot$ 位点$^{-1}$，大大超过了未改性的 FeN_4 位点（0.32 $e \cdot s^{-1} \cdot$ 位点$^{-1}$）。N 原子的类型也会影响 $M-N_x/C$ 催化剂的 ORR 活性。曹达鹏课题组和合作者对两种不同的 $Fe-N_4$ 配位模型 Fe @吡啶氮和 Fe @吡咯氮进行了 DFT 计算[35]，结果表明反应中间体可以被 Fe @吡咯氮（碳）吸附，而不是 Fe @吡啶氮（碳）。因此，Fe @吡咯氮本身提供了很更高的活性，并引起了相邻的八个碳原子对 ORR 具有活性，而 Fe @吡啶氮中则没有这种协同作用。Chen 等使用原位光谱和电化学测试结合，发现质子化的 N 可以催化 O_2 还原为 H_2O_2，在吡啶氮上可以进一步将 H_2O_2 还原为 H_2O[36]。吴长征课题组通过氨辅助热解方法获得纯度高的吡咯型 FeN_4 位点，DFT 计算证实了吡咯型 FeN_4 位点具有较好的 O_2 吸附能和较高的 $4e^-$ 还原选择性，这解释了其出色 ORR 活性的来源[37]。

另一种方法是在碳基底上掺杂杂原子。由于原子尺寸和电负性的差异，杂原子取代碳原子能诱导活性中心的电荷重新分布，以至不参与构成 $Fe-N_x$ 位点的氮原子也会影响内在活性。NH_3 热解的 $Fe-N_x/C$ 催化剂的性能往往更好，这是由碱性 N 基团增加决定的。除氮外，硫是研究最广泛的杂原子。郭少军课题组结合模板牺牲法和硫的升华，获得了一种掺 S 的 $Fe-N_x/C$ 催化剂（Fe/SNC），其中 Fe 以原子级分散，而 S 形成 C-S-C 结构[38]。作者将其在酸性介质中的 ORR 活性远远优于无 S 的对比催化剂，归因于 C-S-C 与 Fe-N$_x$ 位点之间的协同效应，其中 C-S-C 通过减少在 Fe 中心附近的电子来促进四电子氧还原。Mun 等验证了通过简单的 S 掺杂来调节 Fe-N$_4$ 位点的固有活性的可行性[39]。在所研究的体系中，单一的 Fe-N$_4$ 位点没有 S 掺杂剂的贡献，而该 S 掺杂剂与 ORR 中间体键合过强。通过改变 S 前体的剂量，氧化的 S（C-SO$_x$）和类似噻吩的 S（C-S-C）之间的比例发生了变化，并且半波电位与 S 的掺杂比例呈正相关。实际上，这两种构型配置中的 S 掺杂剂在影响支持 Fe-N$_4$ 位置的碳平面的电子性能方面表现出不同的行为。吸电子的 C-SO$_x$ 导致 Fe 中心的 d 轨道能量下降，从而削弱了 O 物种与 Fe-N$_4$ 位的结合，加速了氧还原，而具有电子给体性质的 C-S-C 则具有负面作用（图 4-8）。一些研究人员已经注意到，S 的作用不仅限于电子效应。吴长征课题组报道了硫促进的途径，以获得实现单原子的 Fe-N$_x$/C 催化剂[40]。在存在 S 的情况下，热解产物中

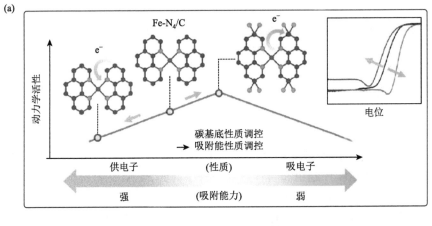

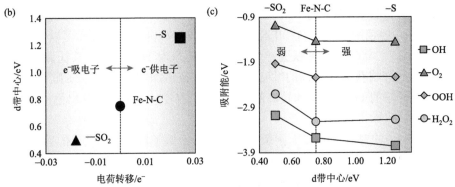

图 4-8　（a）通过控制吸电子/给体硫官能团来调节 Fe-N$_4$ 位的动力学活性的设计概念；（b）d 带中心与官能团电荷转移量之间的关系；（c）各种中间体的吸附能与 d 带中心的关系

的聚集体为硫化铁，与通常形成的碳化铁相比，其更容易被酸腐蚀。在研究调查 S 掺杂作用的大多数报告中，类似地发现 S 可以引起比表面积增大。多项研究表明，S 掺杂通过促进 O_2 吸附来提高 Fe-N_x/C 催化剂的 ORR 活性也是有效的。除了单一杂原子掺杂作用之外，还提出了不同杂原子之间的协同作用。例如，陈胜利和合作者观察到 P，S 共掺杂可降低 Fe(Fe$^{\delta+}$) 的电荷以促进吸附的 OH 的去除，这是普遍接受的 ORR 决速步。综上所述，杂原子掺杂如何以电子方式影响 M 中间体的结合强度仍然难以确定。来自不同研究的结果甚至似乎是矛盾的，但是考虑到来自不同合成方法的 Fe-N_4 位点在火山图上的位置不一致，故研究结果不同也是可以解释的[41]。

4.2　酸性下的氧还原研究进展

4.2.1　贵金属催化剂研究进展

4.2.1.1　Pt 单金属催化剂

酸性介质中 ORR 最常用的催化剂仍然是商业 Pt/C。为了进一步地降低 Pt 的用量，提高其稳定性，目前国内外对 Pt 单金属催化剂的研究主要包括：①优化 Pt 表面结构，提高其内在活性和抗溶解能力；②通过金属载体相互作用提升 Pt 的本征活性与稳定性。

Pt 表面结构对提高纯 Pt 的内在活性至关重要，不同的 Pt 原子排列可以显著地改变其电子结构，优化 ORR 催化活性。实验结果证明纯 Pt 表面在 0.1 mol·L^{-1} HClO$_4$ 中的 ORR 电催化活性遵循(110)＞(111)＞(100)的趋势，这些 Pt 表面比 Pt/C 电催化剂具有更高的电催化活性[11]。此外，不同的晶面的稳定性也有差异，如 Magnussen 等[42]通过原位高能表面 X 射线衍射、在线电感耦合等离子体质谱和密度泛函理论计算研究了 Pt(100) 和 Pt(111) 电极表面的 Pt 溶解和重组，在原子尺度上阐明了 Pt 降解的机制。结果表明，与 Pt(111) 相比，Pt(100) 表面结构的演变会产生不稳定的表面原子，这些原子易于溶解和重组，导致溶解速率大幅度提升。因此，制备涉及具有特定晶面取向的 Pt 基催化剂能够有效提高活性位点，增强 ORR 电催化活性和稳定性。

此外，Kinoshita 等发现 Pt 粒径对 ORR 活性有很大的影响，Pt 的粒径在 3～5 nm 时质量比活性达到最大[43]。因此，减少 Pt 基催化剂的粒径并提高贵金属的分散性可以有效地增加 Pt 电催化剂活性位点的数量，提高 ORR 电催化活性。其中，碳基载体具有优良的导电性和较大的比表面积，可以很好地分散 Pt，被认为是良好的 Pt 纳米颗粒载体。通过功能化、空位化和杂原子掺杂等方式，可以很好地提高碳基材料的化学反应性，增强与 Pt 颗粒之间的相互作用。相关研究结果表明，与未掺杂的碳相比，修饰的碳（如掺杂 N 或 S）能够很好地稳定 Pt 纳米颗粒，表明 Pt 亚纳米团簇与 N 和 S 掺杂的碳载体之间具有更高的相互作用，可以有效地提升 ORR 电催化活性与稳定性[图 4-9（a）～（c）][44]。此外，DFT 计算利用中间体的吸附能来研究修饰碳负载的 Pt 纳米粒子的 ORR 电催化活性。以 N 掺杂石墨烯负载 Pt 纳米颗粒体系为例，负载在掺杂 N 的石墨烯上的 Pt_{55} 纳米粒子的氧吸附能（oxygen adsorbed energy，OAE）比负载在石墨烯上的 Pt_{55} 弱，这是由于氮掺杂改变了 Pt_{55} 的电子结构，降低了其 d 带中心，DFT 结果证明了 Pt 在 N 掺杂石墨烯上的电催化活性高于 Pt 在石墨烯上的电催化活性[45]。理论和实验结果均证明了碳载体改性是提高 Pt 电催化活性和稳定性的有效策略。

　　虽然碳基材料是 ORR 电催化剂的良好载体，但在 PEMFC 运行条件尤其是启停状态下，碳会发生严重腐蚀，从而造成 Pt 纳米粒子脱落，影响燃料电池的性能。非碳载体（如氧化物和氮化物等）具有良好的化学稳定性和较高的耐腐蚀性，是作为 ORR 电催化剂载体的良好替代品。例如，Sanjeev Mukerjee 团队以及福特公司对 Pt/Nb_2O_5 体系进行了较为全面的研究，他们提出 Pt 和 NbO_x 之间存在强金属-载体相互作用，产生的电子效应有利于稳定低配位 Pt 位点，从而提高 Pt 粒子的稳定性[46]；衣宝廉等[47]将 Pt/Nb_2O_5 纳米带直接沉积在 Nafion 膜上，连续 Pt 薄膜的比表面能大大降低，有利于缓解 Pt 的溶解，同时也消除了碳载体腐蚀带来的影响[图 4-9（g）～（i）]。此外，设计混合型载体能够同时提升载体的导电性和耐腐蚀性，为 ORR 提供更好的支撑材料。例如，Chen 等[48]利用多孔碳的限域作用首先制备了小粒径的低价态 NbO，随后通过自发的氧化还原反应将 Pt 沉积在其表面，强烈的金属-载体相互作用能够有效地减少 Pt 颗粒团聚和氧化。Wang 团队[49]利用高度分散和结晶的 Ta_2O_5 改性碳纳米管（CNT）作为载体稳定 Pt 纳米粒子，高度结晶的 Ta_2O_5 诱导了多面体结构 Pt 纳米粒子的生长，Pt 和 Ta_2O_5 之间的原子耦合界面结构导致了 Pt(200) 和 Ta_2O_5(001) 的晶格重叠，形成了强烈的 Pt—O—Ta 键，有利于电化学过程中的电子转移，提高了 Pt 纳米粒子的 ORR 催化活性和耐久性[图 4-10（d）～（f）]。

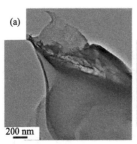
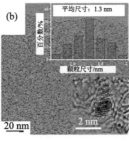
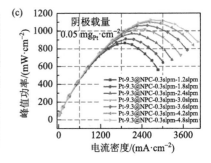

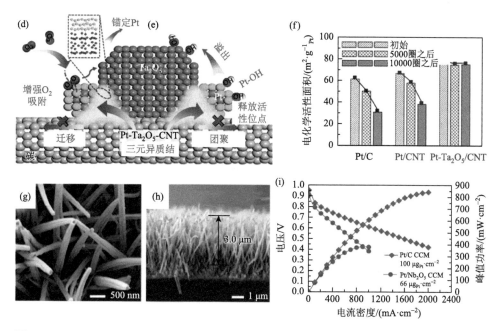

图 4-9　（a）～（c）N，S 掺杂碳载体负载 Pt 簇的形貌及其电池性能[44]；（d）～（f）Ta_2O_5 负载 Pt 纳米颗粒的稳定性机理示意图及其电池性能[49]；（g）～（i）Pt/Nb_2O_5 纳米带形貌及其电池性能[47]

4.2.1.2　Pt-M 基催化剂

　　尽管商业 Pt/C 是目前应用最广的 ORR 催化剂，但是其活性和稳定性均未达到美国能源部（DOE）对 Pt 基催化剂提出的要求（如 0.9 V 时质量活性要高于 0.44 A·mg_{PGE}，经过稳定性测试之后质量活性损失要小于 40%等）。为了进一步改善其质量活性并降低使用成本，通常将 Pt 与第二金属（Fe、Co、Ni、Ti、V、Cu 等）进行合金化，降低 Pt 的 d 带中心，调控氧中间物种的吸附能，从而提升其本征活性和稳定性[50]。国内外对 Pt-M 基催化剂的研究主要包括：①优化晶面结构和形貌，提高本征活性；②向 Pt-M 中添加第三金属，改变 Pt 表面的电子结构，提高催化性能；③构建以非 Pt 材料为核，Pt 为壳的核壳结构，提高稳定性；④构建 Pt-M 金属间化合物来抑制过渡金属溶出，提高催化活性和稳定性。

　　1）Pt-M 无序合金

　　Markovic 团队报道了 Pt_3M（M = Ni，Co，Fe，Ti 和 V）系列合金的火山型曲线关系，并通过实验确定了它们的表面结构、电子结构和 d 带中心之间的关系，其中 Pt_3Co、Pt_3Ni 和 Pt_3Fe 位于火山曲线的顶端，被认为是具有最高活性的氧还原催化剂[51]。通过调整 Pt-M 合金的化学环境和精细结构，如暴露更多的活性表面、调控形貌、掺杂等，可以进一步地提升 Pt-M 合金催化剂的活性。例如，Pt₃Ni（111）晶面具有最好的比活性，因此构建由八个（111）平面包围的八面体纳米颗粒能够暴露更多的电化学活性面积（ECSA），如 Strasser 团队在 *N, N*-二甲基甲酰胺（DMF）溶剂中合成了高性能的 PtNi 八面体[52]。为了实现纳米催化剂的形态和尺寸控制，合成中通常使用长链有机物和表面配体，但这些配体会残留在纳米晶体表面上，从而阻断催化反应的表面活性位点并降低 ECSA。针对此问题，Strasser 团队提出对特殊形态的 PtNi 纳米粒子进行退火是一种有效去除表面残留配体的方法，但这种后处理也会导致催化剂晶面的变化。因此，必须在保证有机配体不残留的前提下合成可控结构的 Pt-M 合金才能暴露更多的活性位点。如 Huang 团队[53]以苯甲酸作为结构导向配体在 DMF 溶液中直接在碳载体上生长 PtNi 八面体。边缘长度为 4.2 nm 且表面相对干净的 PtNi 八面体实现了较高的质量活性（$1.62 \ \mathrm{mA \cdot \mu g_{PGM}^{-1}}$）和比活性（$2.53 \ \mathrm{mA \cdot cm_{PGM}^{-2}}$）。但是，这些特殊结构 PtNi 合金通常由于 Ni 的电化学浸出而具有较差的稳定性。

　　Pt-M 催化剂虽然在短期加速降解试验中表现出出色的活性和稳定性，但在长期测试中难以避免脱合金而降解，第二元素的溶出也会对膜电极系统整体造成严重破坏。因此，提高 Pt-M 催化剂的稳定性是目前 Pt 基催化剂发展的重要方向之一[5, 50]。在 Pt-M 合金中掺杂第三金属来调节电子结构是一种有效提高活性和稳定性的方法。例如，黄昱团队合成了一系列 M（M＝钒、铬、锰、铁、钴、钼、钨、铼）掺杂的 PtNi 八面体合金，其中 Mo-Pt₃Ni/C 实现了超高的比活性（$10.3 \ \mathrm{mA \cdot cm_{Pt}^{-2}}$）和质量活性（$6.98 \ \mathrm{A \cdot mg_{Pt}^{-1}}$）。理论结果表明，掺杂的 Mo 原子优先位于 Mo-PtNi/C 的顶点和边上，并通过较强的 Mo-Pt 和 Mo-Ni 稳定了 Ni 和 Pt 原子的溶解，大幅度地提升了 PtNi 合金的活性与稳定性[图 4-10（a）～（c）][54]。此外，研究者还提出通过构建以非 Pt 材料为核，Pt 为壳的核壳结构来开发高效且稳定的 Pt-M 合金催化剂。例如，夏宝玉团队报道了具有 Pt 壳结构的一维 PtNi 合金纳米笼，该催化剂在 0.9 V 时表现出很高的质量活性（$3.52 \ \mathrm{A \cdot mg_{Pt}^{-1}}$）和比活性（$5.16 \ \mathrm{mA \cdot cm_{Pt}^{-2}}$），同时与商业 Pt/C 相比，该催化剂表现出很高的稳定性，50000 次循环后活性衰减可忽略不计。此外，PtNi 合金纳米笼还表现出了优异的燃料电池性能，在氢空条件下 0.6 V 时的电流密度为 $1.5 \ \mathrm{A \cdot cm^{-2}}$[图 4-10（d）～（f）]。实验和理论计算证明由 Pt 壳引起的应变和配体效应可以抑制强 Pt-O 位点的形成，从而大幅度地提高其稳定性[55]。

　　2）Pt-M 有序金属间化合物

　　常见的 Pt-M 面心立方纳米合金内部金属原子的随机排列会导致合金结构不稳定。因此，高度有序的 PtM 纳米粒子即金属间化合物由于其优异的催化活性和耐久性已成为当今的研究热点。金属间化合物较无序合金而言，具有长程有序的晶体结构，原子都有序地占据晶格中的相应格点，以金属键或离子键相互作用，

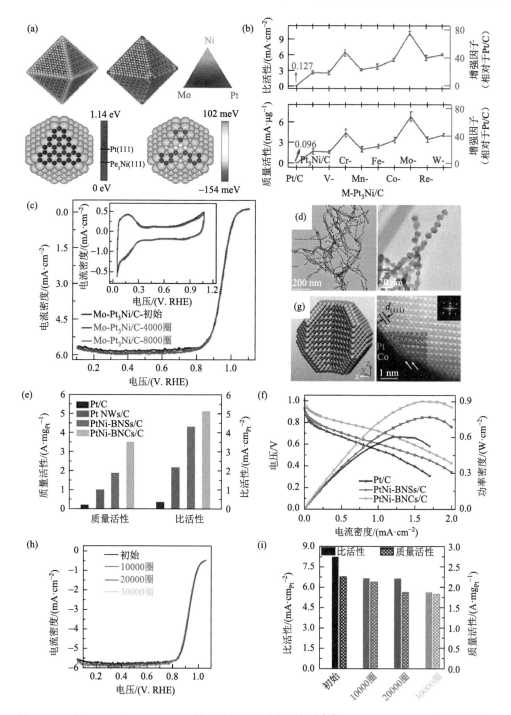

图 4-10　（a）～（c）Mo-Pt₃Ni/C 的理论计算和电化学性能[54]；（d）～（f）PtNi 合金纳米笼的形貌和电化学性能[55]；（g）～（i）L1₀构型 PtCo 金属间化合物形貌和电化学性能[56]

能够有效提高活性位点和防止过渡金属溶解，提高催化活性和稳定性[57,58]。例如，孙守恒团队设计并合成了由 PtCo 纳米粒子衍生形成的 PtCo@Pt 核壳催化剂，通过退火和酸浸，该催化剂具有高度有序的 $L1_0$ 构型。该催化剂在经过 30000 圈加速老化后仍具有超高的质量活性。这种全有序的结构不仅可以使催化剂的粒径在 MEA 中长期运行后得到保持，而且能够有效抑制 Co 原子溶出，提高催化的稳定性［图 4-10（g）～（i）][56]。对金属间化合物组成、尺寸、形貌进行调控，能够进一步优化其性能。研究者[59,60]发现在 PtFe 合金中引入少量 Au 元素，有助于无序相向有序相转变，采用液相还原法得到的 fcc-PtFeAu 纳米颗粒在 600℃ 的时候就能转变为有序结构，Au 的引入能够促进有序化结构的形成并显著提高了 ORR 催化活性和稳定性。值得注意的是，金属间化合物一般都要进行高温退火才能形成有序结构，而在高温退火过程纳米粒子极易发生团聚，因此通常需要载体来调控纳米粒子的尺寸。一般的方法是利用炭黑、碳纳米管等碳载体控制尺寸，碳载体可以降低费米能级，增加 Pt 的电子密度，有利于电子转移，并且在热退火过程中可以有效地避免金属间纳米粒子团聚[61]。例如，梁海伟团队[62]在掺硫的多孔碳载体上制备了 46 种平均粒径小于 5nm 的 Pt 基金属间化合物，Pt 与硫之间的强相互作用能够在 1000℃ 下有效地抑制金属烧结。除此之外，当前研究的热点转向了一些新型的含碳有机物，通过设计新型的制备工艺，使用具有丰富孔结构的碳载体，增强金属纳米颗粒与载体之间的相互作用，是进一步提高催化活性和稳定性的可行路径。金属有机骨架（MOF）结构，特别是微孔沸石-咪唑骨架（ZIF）材料，由于具有丰富的氮、碳含量和孔道结构，并且高温热解碳化后孔道结构得以保留，是限制金属间化合物粒径的理想前驱体[63,64]。例如，武刚团队[65]利用钴掺杂的 ZIF-8 作为前驱体，首先通过碳化获得了含有原子或者团簇钴分散的碳载体，然后在碳载体表面沉积 Pt 纳米粒子，通过高温热处理使 Co 原子扩散至 Pt 中，形成了有序 PtCo 金属间催化剂，通过改变前驱体中 Co 的掺杂量可以有效调控 PtCo 的原子比，很好地提高了 Pt-M 催化剂的稳定性。与零维纳米粒子相比，一维纳米线具有更快的电子/质量传输、更高的稳定性以及更多的反应活性位点，黄小青等[66]合成了一种具有高密度高指数晶面的 Pt_3Co 金属间纳米线，这种纳米线的表面是锯齿形状，暴露了更多的活性位点，且这些表面多为高指数晶面，表现出更高的活性。除此之外，多维的纳米材料可以暴露更多的活性位点，更高效地传输物质与电子，因此构建具有特殊形貌的金属间化合物是未来发展的重要方向之一[67]。

4.2.2　非贵金属催化剂研究进展

美国能源部（DOE）设立的 2025 年非贵金属催化剂研究目标为氢气/空气电池初始运行时在 0.8 V 工作电压下电流密度≥100 mA·cm^{-2}，在 0.675 V 工作电压下≥500 mA·cm⁻²，在 30000 圈加速老化测试后（测试条件为 0.6V 至开路电压区间扫循环伏安曲线，3s/周期，氢气/空气气氛下）电流密度分别达到≥80 mA·cm⁻² 和≥400 mA·cm⁻²。应用的长远总目标是在恒电压稳定性测试 25000 h 后 0.7 V 下电流密度还能保持 1.07 A·cm⁻²。本节将对标应用目标，总结近年的突出性非贵金属催化剂研究进展。

Wu 的课题组[68]使用化学气相沉积法（CVD），将 2-甲基咪唑沉积至金属掺杂的氧化锌基底上，紧接着对材料进行热解活化处理，制备了相对于湿化学方法而言 FeN₄ 位点密度更高、性能更好的 CVD/Fe-N-C-kat 系列催化剂。其中性能最好的催化剂在阴极气体为 1.0 bar① O₂ 条件下，工作条件下的电流密度达到 27 mA·cm⁻²（0.9 V），117 mA·cm⁻²（0.8 V），接近 DOE 设立的目标（分别为 44 mA·cm⁻² 和 150 mA·cm⁻²）。

Li 等[69]也通过 CVD 法在 750℃条件蒸发氯化铁至 Zn-N-C 基底上，使基底发生 Zn-N₄ 到 Fe-N₄ 的位点转变，多种表征技术证明这种方法制备的 Fe-N₄ 位点在电化学过程中都是 100%有效利用的，位点密度高达 $1.92×10^{20}$/g，催化剂在氢氧燃料电池中活性高达 33 mA·cm⁻²（0.9 V，iR 校正后）。

Shao 的研究小组[70]通过配位法引入和维持高含量的 CoNₓ 位点，合成了一种高性能的 Co-N-C 催化剂，在 0.6 mg·cm⁻² 的电极载量下半波电位测得为 0.82 V（参比为标准氢电极），0.7 V 恒电压下 100 h 后 Co-N-C 催化剂活性仅损失 20.5%，而 Fe-N-C 催化剂损失了 46.8%，循环伏安测试中 Co-N-C 也是。在氢氧燃料电池中，在 0.9 V 工作电压下电流密度为 0.022 A·cm⁻²，0.87 V 工作电压下电流密度为 0.044 A·cm⁻²（均未进行 iR 校正），峰值功率密度为 0.64 W·cm⁻²。

Li 小组以 ZIF-8 负载 Fe₂O₃ 作前驱体在 1100℃下热解合成了具有 0.916V 半波电位的 Fe-N-C-YZ，在 100%相对湿度 150kPa 下三电极体系中 H₂/air 电池功率密度也达到了 558mW·cm⁻²，且具备良好的稳定性，在 0.6V 到 0.9V 间循环 30000 次后，仍保持 0.8 V 以上的半波电位。这是非常振奋人心的数据，也为接下来的研究增添了希望[71]。

水江澜的团队通过 SiO₂ 涂层和预热处理以 FeN₄ 为活性中心设计的 TPI@Z8(SiO₂)-650-Z，半波电位达到了 0.823 V，H₂/air 电池性能达到了 420 mW·cm⁻²，2.5 bar O₂ 则达到了 1.18 W·cm⁻²，实现了 Fe-N-C SAC 的凹面刻蚀和微孔扩大，这种外部 SiO₂ 涂层十二面体的边缘框架可以在平面塌陷时保持不变，增强了稳定性。这些表现也源于高密度的活性位点，他们通过暴露内部的 Fe-N₄ 来调控活性，即增加了活性中心的利用率，增强了催化剂层的传质效率[32]。

通过调节反应中间体对与四个氮原子位点配位的单核铱离子的适度吸附能，

---

① 1 bar = 10^5 Pa。

Xiao 等[72]首次开发了一种模拟均相铱卟啉的 Ir-NC 单原子催化剂（Ir-SAC），其达到了 0.864V 的半波电位，5000 圈测试后性能几乎没有衰减，在 H_2/O_2 电池测试中也达到了 932 mW·cm^{-2}。其表现出比铱纳米粒子高几个数量级的 ORR 活性，转换频率（TOF）也达到创纪录的 24.3 e·s^{-1}·位点$^{-1}$（e·s^{-1}·位点$^{-1}$ 表示单位时间内、单位活性位上发生反应的次数），12.2 A·mg$_{Ir}^{-1}$ 的质量活性，远远优于先前报道的单原子催化剂和商业 Pt/C 催化剂。

葛君杰等报道了一种将轴向键合 O 引入 Fe 位点的合理操作策略，可以在原子水平上调节高活性 ORR 催化剂的协调环境。通过锚定吸电子配体来调控 Fe 能级以提高催化性能，即把前驱体中的氧官能团与 Fe 进行六配位。此外，O 改性剂通过形成 Fe-O-Fe 桥键来稳定存在，可近似为两个 FeN_4 位点，这些位点的内在活性比正常的 FeN_4 位点高出 10 倍以上[73]。

此外，为了提升活性中心利用率，许多课题组开始探索新的处理手段，如调整原子位点的电子结构以提高活性，Xiao 等[74]对 ORR 电催化双原子位点的基本理解提出了新见解，构建了 $FeCoN_5$-OH 位点使 ORR 起始电位和半波电位分别高达 1.02 V 和 0.86 V（相对于 RHE），其内在活性是单原子 FeN_4 位点的 20 倍以上。

Xu 等通过 NH_4Cl 处理热解后的 $Mn(acac)_3$@ZIF-NC，得到了具有 0.872 V 的半波电位的 Mn-N-C，50% 相对湿度 150 kPa 背压下电池功率密度也高达 674 mW·cm^{-2}，进一步说明了 NH_4Cl 的刻蚀作用形成的空间缺陷可能有利于活性位点的固定，提升催化性能[71]。

4.3　碱性下的氧还原研究进展

如表 4-1 所示，通常 ORR 通过直接四电子还原为 OH$^-$ 或间接二电子途径还原为 HO_2^-。由于 HO_2^- 具有更高的能量转换效率和抑制中毒效应，因此一直追求直接的四电子途径[75, 76]。如前所述，尽管铂（Pt）基材料在活性和选择性方面被公认为最有效的材料，在理想的条件下具有非常高的氧还原活性，包括比较正的起始电势和半波电势，以及较大的扩散极限电流，但高成本和有限的储量阻碍了其广泛的商业化。另外氢燃料电池的阳极原料通常是一些有机分子，通过将有机分子还原得到氢气。而在制备氢气的过程中，一氧化碳（CO）通常作为副产物混合于氢气中。现代去除 CO 的技术尽管已经非常高超，但仍然不能 100% 地将 CO 去除，故而 CO 分子难免会扩散到阴极附近。CO 很容易会与 Pt 的 d 轨道配位，使其活性位点堵塞，造成催化剂中毒。在直接甲醇燃料电池中，甲醇分子可能会以蒸气或者液体分子的形式扩散到阴极而发生甲醇氧化反应，造成碳载铂失活[77, 78]。

表 4-1　ORR 在碱性条件下的反应方程式

途径		反应	总反应
四电子途径	解离途径	$O_2 + 2* \longrightarrow 2O*$	$O_2 + 2H_2O + 4e^- \longrightarrow 4OH^-$
		$2O* + 2e^- + 2H_2O \longrightarrow 2OH* + 2OH^-$	
		$2OH* + 2e^- \longrightarrow 2OH^- + 2*$	
		$O_2 + * \longrightarrow O_2*$	
		$O_2* + H_2O + e^- \longrightarrow OOH* + OH^-$	
		$OOH* + e^- \longrightarrow O* + OH^-$	
		$O* + H_2O + e^- \longrightarrow OH* + OH^-$	
		$OH* + e^- \longrightarrow OH^- + *$	
二电子途径		$O_2 + * \longrightarrow O_2*$	$O_2 + H_2O + 2e^- \longrightarrow HO_2^- + OH^-$
		$O_2* + H_2O + e^- \longrightarrow OOH* + OH^-$	
		$OOH* + e^- \longrightarrow HO_2^- + *$	

在这些挑战的推动下，开发具有成本效益和高性能的 ORR 电催化剂来替代昂贵的 Pt 基材料是阴离子交换膜燃料电池（AEMFC）和金属-空气电池广泛应用的最大挑战之一。开发具有与 Pt 基催化剂相当的 ORR 活性的催化剂的需求日益迫切，而且由于酸性条件下的非贵金属催化剂往往不能稳定存在，关于非贵金属氧还原催化剂的研究主要在碱性条件下展开。

4.3.1　贵金属催化剂研究进展

近年来，碱性下贵金属氧还原催化剂的研究较少，且基本都以 Pt 基催化剂为主，其普遍的研究思路是通过结构调控和金属、非金属的掺杂提升 Pt 的活性，减少 Pt 的用量，使燃料电池向着低铂化发展。缩小 Pt 颗粒以在表面暴露更多 Pt 原子（提高原子效率）是使 Pt 基催化剂更便宜的可行策略。通常，当粒径进一步减小到纳米级时，催化剂中会产生量子尺寸效应，不仅由于不饱和配位而改变表面能，而且改变金属原子的 d 态能量，导致空间电子局域化。这种尺寸引起的活性位点电子结构的变化随后将调整与不同种类反应物（如 ORR 中的 O_2）的结合能力，因此可以增加催化剂的活性。因此，高活性和高原子效率的原子分散的金属催化剂具有实现低铂化目标的可能性。

当前碱性下原子分散贵金属氧还原催化剂的制备方法主要有湿化学方法、高温热解法等。湿化学方法的优点是无需专业设备，操作简单，可规模化生产，缺点是金属可能会被掩埋，并且容易形成纳米颗粒或簇。高温热解法主要基于 MOF 材料，可精确控制 MOF 衍生的碳载体和互连的 3D 分子尺度笼子的大小，提供丰富的传质通道和活性氮位点。但高温热解法存在碳化率低、程序烦琐的问题，而且在如此高的温度下对所得催化剂的分子结构和表面性质进行改性极其困难。

Liu 等[79]报道纯碳负载的单原子 Pt 催化剂（Pt_1/BP）表现出比 N/BP（$E_{1/2}$ 为 $0.51V_{RHE}$）更低的 ORR 性能（$E_{1/2}$ 为 $0.44V_{RHE}$），表明具有氧化态的单个 Pt 原子，负载在碳材料上，对 ORR 过程几乎是惰性的。然而，通过掺杂 N，Pt 负载量为 0.4wt%的改性单原子 Pt（Pt_1-N/BP）的催化活性显著增加（$E_{1/2}$ 为 $0.76V_{RHE}$）。这可以通过利用基于单个金属原子和掺杂的多相元素的复杂活性位点的固有催化活性来提高碳基原子分散金属催化剂的催化活性。值得注意的是，作者还观察到上述协同效应诱导的 Pt_1-N/BP 在碱性条件下的高性能（高 ORR 活性、稳定性和对中毒的耐受性），其 $E_{1/2}$ 高得多，为 $0.87\ V_{RHE}$，与传统 Pt/C 催化剂的 $E_{1/2}$ 处于同一水平。

Zhang 等[80]报道了一类新的原子 Co-Pt 氮-碳基催化剂（A-CoPt-NC），其直接利用碳胶囊壳中的诱导缺陷形成原子 Co-Pt-NC 配位结构，如通过电化学活化的活性位点。HAADF-STEM 图像清楚地表明，原子金属（Co/Pt）被困在空位型缺陷中，形成原子 Co-Pt-N-C 配位结构。实验表明，所获得的 A-CoPt-NC 催化剂对碱性溶液中的 ORR 表现出非常高的活性和稳健的稳定性，比活性和质量活性分别比商业 Pt/C 催化剂高 85 倍和 267 倍。同时，经过 240 min 的电化学耐久性测试后，活性没有明显下降。原子 Pt 对 ORR 中的四电子途径显示出高选择性，与报道的原子 Pt 催化剂的二电子途径特征不同。基于观察到的和其他可能的 Co-Pt-N-C 配位开发的模型结构的密度泛函理论（DFT）计算显示原子 Pt-M（M = Co/Pt）在碳缺陷处耦合可以显著调整金属原子的电子结构并改变配位结构的电荷分布，从而提高氧还原性能。

4.3.2　非贵金属催化剂研究进展

在过去的几十年里，氧还原反应的非贵金属催化剂从无金属碳到过渡金属基，材料的多样性激增，伴随着活性位点从碳到金属的转变，其催化性能提高了。氧还原反应的非贵金属催化剂（NPMCs）主要有四种典型类别，即无金属碳基材料、金属化合物、石墨层包封金属和原子分散的金属-氮-碳（MNC）材料，其中无金属碳基材料催化剂放到下一节中进行介绍。

2009 年，Dai 和同事[81]报道了垂直排列的氮掺杂碳纳米管（VA-NCNT）作为无金属 ORR 催化剂的首次演示。在这项工作的引领下，已经进行了大量尝试来开发先进的无金属杂原子掺杂碳催化剂[82-84]。Dai 的团队[85]首次发现了一种由在还原氧化石墨烯上生长的 Co_3O_4 纳米晶体组成的混合材料，作为一种高性能 ORR 催化剂，Co_3O_4 和石墨烯之间的协同化学耦合效应产生了混合中的离子 Co-O 键合。密度泛函理论计算表明，电荷从石墨烯转移到 Co_3O_4，提高了整体结构的电子电导率，从而提高了 ORR 性能[86]。Bao 及其同事[87]在 2013 年发现了另一种独特的金属-碳界面电子相互作用，这导致了新的 NMPMs、金属或金属碳化物封装在石墨层中。除了这些多相结构的催化剂，原子分散的金属-氮-碳（M-N-C）结合了多相和均相催化剂的优点，越来越受到关注，被誉为该领域的新前沿。由于原子分散的金属-氮-碳催化剂的出现和先进的表征技术，我们可以区分主要的活性位点，因为原子 $M-N_x$ 物种具有最高的固有活性。

除了类别多样性和性能增强之外，对构效关系的理解也越来越多，这有利于电催化剂的合理结构调控以获得理想的催化行为。近年来，从微尺度到原子尺度对电催化剂的结构调节被认为是弥合 NPMC 和基于 Pt 的基准之间活性差距的最有效策略之一[88, 89]。例如，构建分层多孔结构有利于保证足够的活性位点密度和平稳的电子/质量传输，从而显著提高性能。

通过不同组分之间的协同效应和/或电子相互作用，设计异质电催化剂的界面结构也可以有效地改变电催化性能。除此之外，在原子尺度上巧妙地操纵活性位点结构被誉为通过短程电子调制效应调节性能的最直接方法。

4.3.2.1　金属化合物

除碳基材料外，过渡金属化合物（包括氧化物、磷化物、硫化物、碳化物、氮化物和相应的复合材料）由于其相对低廉的价格、高丰度和对环境无毒等优点，已成为另一种有前景的 ORR 催化剂。具体而言，钙钛矿型氧化物通过改变掺杂元素的含量来调节金属-氧键的强度，具有灵活可控的结构，是最有前途的替代品之一。Du 等[90]用适量的 Mn 掺杂 $LaCoO_3$ 以调节轨道填充电子。此外，O 空位的含量和 O_{2p} 轨道能级增加，从而加强了 Co—O 键的共价性。这些调整有利于提高朝向火山曲线顶点的 ORR 活性。

同样，通过在 $LaCoO_3$ 中掺杂 Fe 来优化 e_g 轨道的填充数，导致 Co_{3d} 和 O_{2p} 轨道的杂化程度增强，有利于活性提高[91]。

除了钙钛矿型氧化物，过渡金属氧化物与碳载体结合代表了另一种有前景的催化剂家族，如沉积在 3D 垂直排列碳纳米管阵列（$VACNTs-MnO_2$）复合材料上的 MnO_2[92]、Co_3O_4 纳米晶体与 N 掺杂的还原氧化石墨烯[85]，显示出优异的 ORR 活性。

也有研究者探索了具有高电导率的金属磷化物作为 ORR 催化剂。P 具有更高的电负性，可以从金属中吸引电子，作为路易斯碱在 ORR 过程中与带正电的质子一起工作。Xu 等[93]通过一步磷化合成了嵌入 Co、N、P 多掺杂碳材料中的 Co$_2$P。在热解过程中，Co^{2+}被还原为金属 Co，依次与 P 蒸气反应生成 Co$_2$P。

DFT 计算表明，Co$_2$P 的费米能级和 d 带中心相对高于金属 Co，表明从 Co 到 P 的显著电子转移，这可能有利于 ORR 中间体的吸附。相比之下，双金属 NiCo-P[94]和三金属 FeNiCo-P[95]显示出比单金属增强的活性。Ren 等[95]制备了精心设计的分层多孔 N 掺杂纳米棒，负载 Fe-Ni-Co 三金属/三金属磷化物纳米粒子（FeNiCo@NCP），其中 Co 是 ORR 的主要活性位点，而 Fe/Ni 主要是用作析氧反应（OER）的活性位点。此外，这些组件之间的电子调制效应应该进一步提高它们的内在活性。因此，集成的 FeNiCo@NC-P 催化剂表现出增强的双功能 ORR 和 OER 性能。

作为金属氧化物的类似物，金属硫化物也吸引了相当多的研究关注。Deng 等[96]将 NiCo$_2$S$_4$ 与石墨氮化碳碳纳米管（NiCo$_2$S$_4$@gC$_3$N$_4$-CNT）集成。由于 NiCo$_2$S$_4$ 的固有特性和与载体的强相互作用，ORR 动力学显著加速。为了进一步改善与载体的电子相互作用，Liu 等[97]将石墨烯量子点引入双金属 NiCo$_2$S$_4$ 中，这是通过镍钴基碳酸盐氢氧化物生长、硫化过程和电泳沉积实现的[图 4-11（a）]。值得注意的是，N-GQDs/NiCo$_2$S$_4$/CC 复合催化剂在 0.8 V 下的电流密度在 10 h 后仅出现可忽略不计的衰减（约 7.2%），通常领先于商业 Pt/C 催化剂[图 4-11（b）]。理论计算也揭示了固有的优越 ORR 活性[图 4-11（c）]。

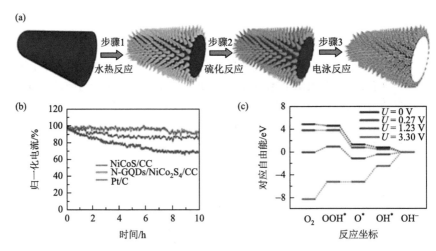

图 4-11　（a）3D N-GQDs/NiCo$_2$S$_4$/CC 复合材料合成工艺流程图；（b）0.1 mol·L^{-1} KOH 耐久性测试；（c）NiCo$_2$S$_4$ 在不同电位下 ORR 的相对吉布斯自由能图[97]

此外，由于费米能级附近合格的电子结构，过渡金属碳化物出色的活性和稳定性受到了极大的关注。然而，纳米粒子的团聚和结构坍塌通常发生在碳化物的形成过程中。为此，Yang 等[98]通过固-固分离方法将 CoC_x 嵌入原位生长的碳纳米管（$C@CoC_x$）中。碳纳米管的空间限制效应可以有效地防止 CoC_x 纳米颗粒团聚。CoC_x 在确定 ORR 活性中的关键作用通过显示比 $C@Co$ 对应物更高的 ORR 活性得到证实。为了进一步提高电导率和加速电子转移，Jia 等[99]将 Fe_3C 纳米晶与还原氧化石墨烯（rGO）结合，在 $0.1\ mol·L^{-1}$ KOH 溶液中显示出 $0.8\ V$ 的半波电位（$E_{1/2}$）。

过渡金属氮化物以 d 带电子结构的适当变化为特征，相对于它们的金属对应物，具有优异的电子导电性和更高的 ORR 活性[100]。通过一个简单的组氨酸辅助项目，Mu 小组[101]制造了独特的 Fe_xN 纳米颗粒，植入了没有 $Fe-N_4$ 基序的 N 掺杂碳中，以阐明 Fe_xN 在 ORR 中的重要作用。Fe_2N 表面存在两个主要位点，即 $\varepsilon-Fe_2N$ 和 $\zeta-Fe_2N$，DFT 计算表明前者表现出优异的催化活性。此外，通过酸浸（约 $155mV$）去除 Fe_xC 后催化剂的活性显著下降，进一步证实了 Fe_xC 作为 ORR 位点的关键作用。除了单金属氮化物，由于二次金属定制的电子结构，多金属氮化物也得到了广泛的研究。

通过溶剂热和氮化处理，Xia 和 Liao 等[102]制备了具有多孔结构的 $Ti_{0.8}Co_{0.2}N$ 纳米片，其显示出比 Ti_xN 更高的 ORR 活性。$Ti_{0.8}Co_{0.2}N$ 在碱性电解液中的 $E_{1/2}$ 为 $0.85\ V$，与商用 Pt/C 相当。

4.3.2.2　封装在石墨层中的过渡金属

通常强碱性电解质中裸露的过渡金属基纳米晶体很容易重建或经历奥斯特瓦尔德熟化，从而导致活性降低。最近，将过渡金属纳米粒子及其衍生物包裹在碳壳中，作为保护最内部组件的有效方法，从而产生了一种新的催化剂家族，即包裹在石墨层中的过渡金属[87]。此外，金属纳米粒子与石墨表面之间独特的主客体电子相互作用可以激活表面碳壳，从而提高 ORR 活性[103-106]。受首次发现包裹在碳纳米管中作为活性 ORR 催化剂的 Fe 纳米粒子的启发[87]，ORR 领域的研究者投入大量精力探索在石墨层中包裹的过渡金属结构中的坚固和稳定的催化剂，其中催化性能受到金属核的类型、碳壳的厚度、进入碳晶格的掺杂剂等因素的影响。

在各种候选中，Fe_3C 封装在石墨层或 N 掺杂的碳纳米管（$Fe_3C@NG$ 或 $Fe_3C@N-CNTs$）中，由于类似 Pt 的电子结构而引起了极大的关注[107-109]。Zhu 课题组与 Li 课题组[110]合作开发了一种高压热解策略，用于合成包裹在石墨层中的 Fe_3C 空心球（Fe_3C/C）。均匀的结构和表面上微不足道的氮或铁使催化剂成为一种独特的模型催化剂，可以识别真正的活性位点。此外，通过球磨对 Fe_3C/C 催化剂进行破坏性测试以破坏碳化物纳米颗粒周围的保护性碳壳，并进行酸浸以去除暴露的 Fe_3C 纳米颗粒。结果观察到了系列活性衰减，这表明 Fe_3C 核虽然不直接

与电解质接触，但发挥了不可或缺的作用。后来，Zhu 等[111]通过用含氧物质对碳
基底进行功能化，将 Fe₃C 纳米颗粒封装在竹状 N 掺杂碳纳米管/C 中[图 4-12（a）
和（b）]。从 Fe₃C 纳米粒子到表面碳的强电子渗透效应被证明会增加 C 原子费
米能级附近的电荷密度，从而降低它们的局部功函数[图 4-12（c）]。由于电子改
性，所制备的催化剂在 0.1 mol·L⁻¹ KOH 中表现出优异的 ORR 活性和稳定性，在
0.9 V 时质量活性为 8.27 A·g⁻¹，20000 次循环后 $E_{1/2}$ 仅产生 6 mV 偏移[图 4-12（d）]。
通过简单的热解方法[112]构建介孔/大孔结构，可以进一步提高性能。除了 Fe₃C 之
外，过渡金属合金也被探索作为构建石墨层催化剂中包裹的金属合金的理想核心。
例如，CoFe、CoNi、FeNi 比其相应的单个成分具有更高的活性[113-119]。

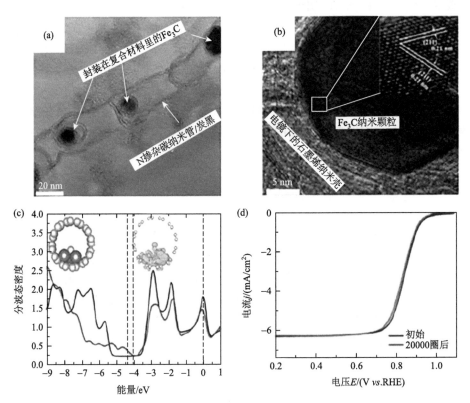

图 4-12　（a，b）封装在 N 掺杂碳纳米管/炭黑复合材料中的 Fe₃C 的透射电子显微镜；（c）DFT
计算结果，与纯 SWNT 相比，Fe₃C@SWNT 中与 Fe 键合的 C 原子的 p 轨道的投影态密度
（PDOS）；（d）在 O₂ 饱和的 0.1 mol·L⁻¹ KOH 中 20000 次循环后的 ORR 极化图[111]

　　正如上面提到的，石墨层中的掺杂剂在催化分解性能中起着重要作用。在此
基础上，开发了多杂原子掺杂的碳作为过渡金属封装的外壳。例如，P 掺杂可以
提供丰富的边缘缺陷位点并产生 P 位点作为额外的活性位点，以进一步提高碳层

的 ORR 活性。Wang 等[120]使用维生素 B_{12} 作为 Co 和 P 资源制备了空心球,其中 CoFe 合金纳米粒子封装在 N、Pco 掺杂的碳纳米囊泡中。由于 CoFe 合金和额外 P 掺杂的共同促进作用,与 N 和 P 相关的碳原子的电荷密度显著增加,从而促进氧电催化。类似地,S 掺杂可以创建缺陷位点以增加活性位点密度。通过两步煅烧方法原位还原 Co_9S_8,成功制备了一种新型钴纳米颗粒嵌入 N、S 共掺杂碳基体的电催化剂。具体而言,将含有 CoS 的前驱物或在 N_2 气氛下在 800℃下热处理得到 CoS-1-800。为了提高催化剂的氮含量,将 CoS1800 与适量的三聚氰胺混合,二次煅烧得到 CoSMe-X-800。所得催化剂的起始电位和 $E_{1/2}$ 分别为 0.95 V 和 0.85 V[121]。

4.3.2.3　原子分散的金属-氮-碳材料

由于不连续的能级分布,将粒径减小到单个原子可提供最终的金属原子利用率和金属中心的不同电子状态,从而调整催化活性和选择性。这一概念由 Qiao 等[122]于 2011 年明确提出。长期以来,研究者广泛研究了具有 15 个原子分散 $M-N_x$ 位点的热解金属-氮-碳(M-N-C)材料,但没有具体命名;并且原子 $M-N_x$ 位点被认为位于碳基质的微孔内[123]。在此基础上,微孔金属有机骨架(MOFs),特别是具有碳和氮配体的沸石咪唑酯骨架(ZIFs)作为活性位点宿主得到了广泛的探索。使用 ZIF-8 作为活性宿主,由于 $Fe(acac)_3$ 分子和 ZIF-8 腔的大小相似,提供 Fe 源的 $Fe(acac)_3$ 被单独封装到 ZIF-8 的笼子中[图 4-13(a)]。惰性气氛下的热处理将前驱体转化为原子分散的 Fe-N-C 材料,不含 Fe 纳米粒子[124-126]。除了 ZIFs 限制策略外,还采用聚合物辅助热解方法来制备原子分散的 Fe-N-C 催化剂。例如,吡咯包覆的 Fe_2O_3 纳米棒[127]、聚对苯二胺[128]、聚 1,8-二氨基萘[129]具有丰富的氮掺杂剂和孔隙率等特点,可用于制备 Fe-N-C 催化剂。除了 MOF 或聚合物辅助策略外,结合二次原子(如 Zn、Na、K 或 Mg)作为避免目标金属原子与目标金属原子紧密接触的栅栏被证明可以有效地收集原子分散的 Fe-N-C 催化剂[130-133]。随着制备策略的蓬勃发展,Fe-N-C 催化剂的活性已提高到类似 Pt 的水平。更令人兴奋的是,借助原子分辨率 STEM、穆斯堡尔光谱和 X 射线吸收光谱(XAS),可以难以捉摸地识别活性位点结构。以最近的研究为例[129],源自聚 1,8-二氨基萘的 Fe-N-C 表现出优于最先进的 Pt/C 的 ORR 活性。通过像差校正的 STEM 和 XAS[图 4-13(b)和(c)]检查活性位点的微环境,确认原子分散的 Fe 与四个氮原子协调作为可操作的活性位点。

虽然 Fe-N-C 催化剂被认为是 ORR 中最活跃的 M-N-C 催化剂,但它们总是会发生芬顿反应,产生有毒的活性氧,这会导致电极内催化剂和有机离聚物降解。为了减轻芬顿效应,Lin 组[134]将 MnO_x 掺入 Fe-N-C 催化剂中,其中 MnO_x 可以加

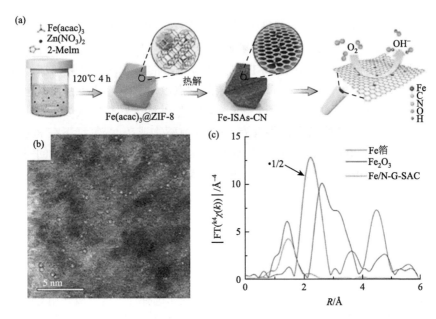

图 4-13　（a）以 ZIF-8 为活性位点主体形成 Fe-N-C 催化剂的示意图；（b）Fe/N-G-SAC 催化剂上孤立的 Fe 原子的像差校正 HAADF-STEM 图像；（c）k3 加权 Fe K 边 EXAFS 数据的傅里叶变换[129]

速有害 H_2O_2 分解，从而削弱芬顿反应。除了上述方法之外，还探索了具有减轻芬顿反应的 Co-N-C 催化剂作为 Fe-N-C 催化剂的有前途的替代品。与 Fe-N-C 的情况类似，ZIFs 作为 Co-N-C 的前体引起了极大的关注，尤其是 Co 基 ZIF-67 和 ZIF-8 是同构的，部分 Co 原子可以被 Zn 原子取代而不改变晶体结构。在 17 种 Zn/Co 比例可控的 ZnCo-ZIFs 退火处理过程中，Zn^{2+} 可以作为"栅栏"进一步扩大 Co^{2+} 的相邻距离，而 Zn 原子由于沸点低而蒸发（如 907℃），最终得到具有与氮原子配位的孤立 Co 原子的 Co-N-C 催化剂[107]。还开发了其他策略，即静电纺丝[135]、聚合物辅助热解[136]。尽管取得了相当大的进展，但 $Co-N_x$ 的内在活性本质上低于 $Fe-N_x$，这是由于 O_2 在 Co 中心的结合较弱。其他金属中心，如 Mn、Zn、Ni 和 Cu 被发现是有前景的替代品[137-139]。例如，在 Mn-N-C 上实现了 $E_{1/2}$ 为 0.9V 的出色 ORR 活性。需要进一步努力以将无铁 M-M-C 的活性提高到令人满意的水平。

4.3.3　非金属催化剂研究进展

石墨烯、碳纳米片及碳纳米管等碳基材料具有较好的导电性，是一种较为理想的非贵金属氧还原催化剂。在碳基材料中掺杂入富电子或缺电子元素将对其氧还原活性产生影响。

ORR 无金属碳基材料的发展经历了三个阶段：非掺杂缺陷碳、单杂原子掺杂碳和多杂原子掺杂碳。固有缺陷（即空位、五边形碳环、Stone-Wales 缺陷）会破坏电荷密度分布向局部 π 电子的对称性，从而促进氧吸附和随后的电子转移过程。在一维线缺陷中，如五边形-七边形链（GLD-57）和五边形-五边形-八边形链（GLD-558），包含奇数个七边形或八边形碳环的结构产生自旋密度并可以催化 ORRe[140]。催化活性位点通常位于锯齿形边缘或五边形-五边形-八边形链的末端。为了阐明主要活性位点，采用了具有特定五边形碳缺陷图案的高度取向的热解石墨催化剂（图 4-14）[141]。将功函数分析与宏观和微电化学性能测量相结合，主要的活性位点被确定为五边形缺陷。然而，非掺杂碳材料的 ORR 活性远远落后于 Pt 基材料，并且 ORR 总是通过不受欢迎的二电子途径进行[142]。

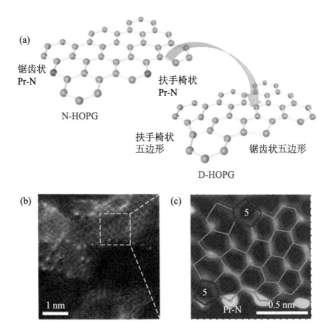

图 4-14　（a）边缘缺陷重建示意图；（b）N-G 的 HAADF-STEM 图像，氮原子用红色圆圈标出；（c）图（b）中虚线框的放大图像（5 表示五边形）[141]

理论计算表明，将杂原子掺杂到石墨基底中可以促进 O_2 分子的吸附和还原[143]。这是因为由于杂原子和碳原子之间的电负性差异，掺杂可以将惰性碳的电荷密度和/或自旋密度重新分配给受调节的功函数。N 是最广泛使用的掺杂剂，并且发现其活性与掺杂水平和氮种类有关。

早期的工作[144]表明，石墨/四元 N 有助于大部分 ORR 催化活性，因为它可以打破对称电子分布，从而促进氧吸附。研究[145, 146]暗示了吡啶氮的关键作用，因

为它可以激活相邻的碳原子。相比之下，Ding 等[147]强调了吡啶和吡咯 N 对 ORR
活性和选择性的重要性。为了优先将吡啶和吡咯 N 掺杂到碳基底中，Xing 组[148]
采用纳米 $CaCO_3$ 模板通过原位释放的 CO_2 气体产生边缘缺陷。由于在这些缺陷位
点形成了大量的吡啶和吡咯 N，催化剂表现出高 ORR 选择性，从 K-L 图中计算
出的转移电子数为 3.7～3.8。

　　与单杂原子掺杂相比，由于协同效应，多掺杂被证明更有效地调整催化性能。
N、S 共掺杂和 N、P 共掺杂的碳材料被广泛研究[149-151]。例如，Zhu 课题组[151]
报道了一种高性能的 N、S 共掺杂碳材料，并研究了 N 和 S 之间的协同作用。通
过在硫掺杂之前对碳基表面进行预氧化，可以很好地控制掺杂水平[图 4-15（a）]。
结果表明，ORR 活性高度依赖于吡啶 N 和 C-S-C 含量。S 掺杂可以增加周围 C 原
子的自旋密度[152]，而 N 掺杂剂可以为周围的 C 原子提供适度的正电荷，这样与
N 掺杂相比，CSC 的存在降低了第一电子转移步骤的能垒碳，并导致内在活性增
强[图 4-15（b）和（c）]。与双原子掺杂相比，三原子掺杂可以进一步增强碳自
旋密度的不对称性和碳 sp^2 杂化的程度，从而提高材料的催化活性和导电性。在
Yu 小组[153]的一份报告中，在 N、S 共掺杂还原氧化石墨烯（rGO）中引入额外的
P 实现了与原始 N、S-rGO 相比 2 倍的活性增强。活性的提高源于这些掺杂剂之
间的协同作用，即增加的活性位点密度、更高的本征活性和改进的电导率。例如，
N-P 物质被重新分级以影响催化材料的带隙并增加碳的电荷载流子密度。在 N、
S-C 的基础上，除了掺杂 P 外，掺杂 O 还可以提高 ORR 活性。Yang 课题组[154]
制备了一种新型的 N、S、O 三掺杂碳纳米片催化剂，并且通过改变胶体二氧化硅
的含量来控制碳基材中氧掺杂剂的量。随着二氧化硅含量增加，O 的含量增加，
导致活性增强。

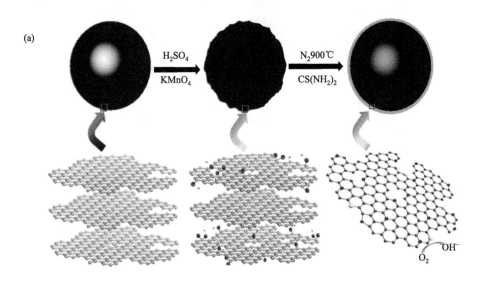

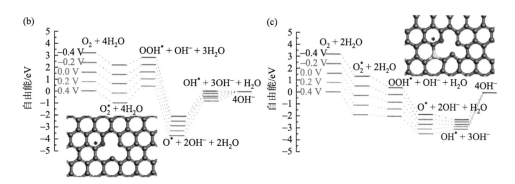

图 4-15 （a）N、S 共掺杂碳催化剂的合成示意图；（b）N 掺杂碳和（c）N，S 共掺杂碳在不同电极电位下 ORR 机制的自由能图。*表示掺杂碳结构上的自由 C 位点。插图：N 掺杂和 N、S 共掺杂碳结构的优化结构。灰色、蓝色和黄色球分别表示 C、N 和 S[151]

目前，在碳材料中掺杂各种非金属元素已成为提高 ORR 活性的有效途径。然而，它们的性能仍然不如基于金属的基准和基于 Pt 的基准。因此，对于这种无金属碳基材料，需要合理设计多尺度结构，即形态、活性位点结构，以同时调节位点密度和内在活性。

4.4 氧还原反应的挑战与展望

4.4.1 贵金属催化剂挑战与展望

针对燃料电池阴极氧还原反应（ORR）中贵金属 Pt 成本高昂、资源短缺等问题，通过晶面控制、形貌调控、合金化、杂原子掺杂、优化载体等优化方式后，Pt 基催化剂的质量活性和比活性都得到了极大的提高，但对于稳定性而言，还远远达不到 DOE 提出的 8000h 耐久性目标。因此，为了更好地促进 Pt 基催化剂的商业化应用，未来将朝以下几个方向发展。

（1）构建具有三维结构的新型 Pt 电极，Pt 纳米粒子的球形或半球形表面必然具有显著的曲率半径，导致了表面大量的低配位位点，降低 Pt 的稳定性，而三维 Pt 电极具有薄膜特性，曲率半径较低，可以有效解决这一问题，同时碳的消除从本质上解决了碳支撑的腐蚀问题。

（2）利用原位显微和光谱表征技术（如 XAS，ATR-FTIR，SECM 等）揭示和监测 Pt 基电催化剂在实际运行状态下的动态行为，以阐明基于贵金属催化剂的 ORR 催化机理。同时探究 Pt 基催化剂性能与结构之间的构效关系，为纳米/原子级催化剂的理性设计提供更深刻的见解。

（3）Pt 基催化剂的研究重点将不再局限于其在三电极体系中的性能表达，而是逐渐转向实际燃料电池体系中的性能表达，构建具有高催化性能和稳定性的 MEA。从实际应用的角度出发，从技术优化、结构稳定性评价等方面解决 Pt 基催化剂在实际燃料电池装置中存在的问题，实现燃料电池的大规模商业化。

4.4.2 非贵金属催化剂挑战和展望

氧还原反应的多电子过程特性导致的缓慢动力学使其成为燃料电池化学研究的核心问题。我们希望找到能替代 Pt 基的非贵金属电催化剂，以研制出成本更低和更具实用化特点的 PEMFC。开发具有成本效益和高性能的 ORR 电催化剂来替代昂贵的 Pt 基材料是 PEMFC、AEMFC 和金属-空气电池广泛应用的最大挑战之一。

作为热解 M-N$_x$/C 催化剂的前身，具有 MN$_4$ 结构的分子型大环化合物催化剂对后续的研究起到了启发作用，并充当了理解 M-N$_x$ 位点基本催化行为的通用模型。热解后的 M-N$_x$ 位通常在结构上稳定，并具有独特的电子特性以提供高固有活性。经过多年的研究，借助各类先进表征技术，对 M-N$_x$/C 催化剂活性位点的认知已逐渐变得清晰，当下的共识是氮配位的单金属原子或双金属原子是这种催化剂的主要活性来源。随着对从纳米尺度到原子尺度的构效关系的更深入理解，结构调控策略从孔结构工程切换到原子活性位点操纵。获取具有高密度活性位点的 M-N$_x$/C 材料的基本原理是精确控制合成参数，以在任何阶段分离和稳定金属原子。为此，许多创新的设计策略值得参考，如防止金属源水解、将金属原子限制在微孔中、通过锌隔离金属原子、通过缺陷捕获挥发性金属物质等。MOF，尤其是 ZIF 和聚苯胺是目前最有效的前驱体，从中可以合成出最先进的非贵金属催化剂，在三电极测量中其活性接近 Pt/C。不可否认的是，这些成就很大程度上归功于对活性位点的高级表征工具的应用，如原子分辨率 HAADF-STEM 和 XAFS 以及理论计算。

通过分析各种分子型 MN$_4$ 催化剂，已建立了几种火山型相关性曲线，其中最常用的是与结合能 E_b(O$_2$) 的关系，适当的 O$_2$ 结合能有助于实现高活性，而金属中心的性质是首要决定因素。分子型 MN$_4$ 催化剂的知识使我们能够通过增强特定功能或两个金属原子之间的协同作用来调控关键中间体的吸附，从而增强内在活性，重点关注金属中心的电子效应。

由于高温合成的限制，在此期间金属原子趋于聚集成颗粒，因此 M-N$_x$/C 催化剂中的活性位点密度通常不是很高。因此，非常需要分层孔的结合以最大化活性位点的利用，富集催化剂表面层中的活性位点以缩短传质距离也是一种有效的方法。

活性位的有限密度意味着 M-N$_x$/C 催化剂的负载量要比 Pt/C 高得多，并且由于催化剂层厚，传质问题困扰着向 MEA 阴极的过渡。这主要是因为燃料电池和

RDE 中 M-N$_x$/C 和 Pt/C 催化剂之间的性能差距存在差异。因此，在 MEA 组装技术上付出额外的努力是值得的。

M-N$_x$/C 催化剂（尤其是性能最佳的铁基催化剂）在酸性介质中的稳定性问题也引起了越来越多的关注。催化剂的迅速降解归因于多种相互作用的机理，在正常电池运行条件下，化学碳腐蚀可能是主要的罪魁祸首。本质上，Fe 通过芬顿机理与 H$_2$O$_2$ 中间体反应并生成破坏性的 ROS，从而氧化腐蚀碳表面。与 Pt/C 催化剂不同，M-N$_x$/C 材料中的碳底物不仅充当电子导体，而且还充当活性位点的主体或（和）成分。不稳定的碳氧化作用会降低 M-N$_x$ 中心的氧亲和力，从而降低 ORR 的 TOF。更严重的是，完全的碳氧化会分解 M-N$_x$ 活性位。这就需要采取有效的策略，从根本上抑制芬顿反应或削弱芬顿效应带来的负面影响。

建议的稳定性提升策略是多方面的。①尽量减少催化剂中具有芬顿效应的位点。鉴于可浸出的金属原子更容易触发芬顿反应，作为预防措施，建议避免使用任何活性较低和无活性的金属中心，这可以通过后酸洗或巧妙的合成方法部分实现。此外，稳定活性金属位点似乎是可行的，如通过加强金属 N 键或将 Pt 原子配位到铁中心上。作为芬顿试剂的另一种反应成分，降低 H$_2$O$_2$ 的浓度可能是一种有效的方法。要减弱反应性，其中先决条件是精确设计的具有促进 ORR 的四电子途径的活性位点结构。尽管没有强调确切的原因，据报道某些双金属位点即使在单电池操作下也显示出低的 H$_2$O$_2$ 生成和高稳定性。另一个恰当的例子是最近提出的低负载 Pt 杂化催化剂，其中 Pt-Co NPs 可以进一步减少从 Co-N$_x$ 中脱离出来的 H$_2$O$_2$ 中间产物，从而提高了催化剂的耐久性。②抑制自由基的产生。一种方式是通过原子能级调节来提高内在活性，并同时最大限度地提高无铁 M-N$_x$/C（M = Co，Mn，Cr，Sn 等）催化剂的活性中心密度。除了从活性位点根本改善外，适当引入自由基清除剂还可以阻止 ROS 攻击碳底物的途径，如用公认的自由基清除剂 CeO$_x$ 来保护燃料电池中的膜是这种方法的有效典例。此外，在平衡成本和性能之后，引入低负载的第二种 Pt 化合物可能会表现出等效的自由基猝灭行为。③增强耐碳腐蚀性能。由于石墨对氧化的敏感性较小，因此优选高石墨碳衬底。Wu 的研究小组报告，Mn-N$_x$/C 催化剂的高稳定性部分归因于 Mn 催化的石墨化作用的增加。在认真权衡抗氧化性增强与活性损失的前提下，更建议在高温下进行热解。在高度有序的碳（如碳纳米管）上密集的活性位的策略可能有助于形成具有增强稳定性的有效催化剂。表面改性也是一种选择方法。氟化 Fe/N/C 催化剂也可抑制碳腐蚀，这与其疏水性和吸电子性有关[155]。

尽管在碱性电解质中 ORR 的 NPMC 结构调节方面取得了巨大成就，但未来在燃料电池和电池中的实际应用仍需很好地迎接一些挑战。首先，非常需要更有效的合成策略，特别是对于原子分散的金属-氮-碳材料。当前的制备方法总是将金属负载量限制在 1wt%以下，对应于低位点密度。当将催化剂转移到气体扩散电极中时，这将导致催化剂层变厚，进而导致传质问题。其次，要考虑结构稳定性，特别是动力稳定性。例如，尽管有缺陷的碳比良好石墨化的碳更活跃，但其在恶劣的电化学条件下的稳定性存疑，活性和稳定性之间可能存在权衡。同样，对于界面结构，界面组件之间的紧密接触需要通过共价键或静电相互作用保持良好。有效的制备策略和操作表征技术对于解决结构稳定性问题都是必不可少的。另外，原子对位点结构的精确控制以及对相邻位点协同作用的更全面的机制洞察仍然是推动该领域发展的最大挑战。这需要前体的精细设计、原子尺度分辨率表征的进步以及现实工作条件下理论建模的结合。尽管面临挑战，但我们乐观地相信，最近的进展和持续努力最终将实现 NPMC 在燃料电池和金属空气电池中的实际应用，并激发催化化学在其他应用方面的更多进展。

简而言之，在未来的燃料电池技术中，M-N$_x$/C 材料在控制氧还原电催化方面显示出巨大潜力。尽管仍面临挑战，但我们乐观地认为，不断深化的方法、技术和理论知识会最终将 M-N$_x$/C 催化剂的综合性能提高到令人满意的水平。

参 考 文 献

[1] Zhao Z, Chen C, Liu Z, et al. Pt-based nanocrystal for electrocatalytic oxygen reduction[J]. Advanced Materianls, 2019, 31 (31): e1808115.

[2] Kulkarni A, Siahrostami S, Patel A, et al. Understanding catalytic activity trends in the oxygen reduction reaction[J]. Chemical Reviews, 2018, 118 (5): 2302-2312.

[3] Wroblowa H S, Yen Chi P, Razumney G. Electroreduction of oxygen: a new mechanistic criterion[J]. Journal of Electroanalytical Chemistry and Interfacial Electrochemistry, 1976, 69 (2): 195-201.

[4] Neergat M, Shukla A K, Gandhi K S. Platinum-based alloys as oxygen-reduction catalysts for solid-polymer-electrolyte direct methanol fuel cells[J]. Journal of Applied Electrochemistry, 2001, 31 (4): 373-378.

[5] Ma Z, Cano Z P, Yu A, et al. Enhancing oxygen reduction activity of Pt-based electrocatalysts: from theoretical mechanisms to practical methods[J]. Angewandte Chemie International Edition, 2020, 59 (42): 18334-18348.

[6] Liu Z, Zhao Z, Peng B, et al. Beyond extended surfaces: understanding the oxygen reduction reaction on nanocatalysts[J]. Journal of the American Chemical Society, 2020, 59 (42): 18334-18348.

[7] Norskov J K, Abild-Pedersen F, Studt F, et al. Density functional theory in surface chemistry and catalysis[J]. Proceedings of the National Academy Sciences, 2011, 108 (3): 937-943.

[8] Bligaard T, Nørskov J K. Ligand effects in heterogeneous catalysis and electrochemistry[J]. Electrochimica Acta, 2007, 52 (18): 5512-5516.

[9] Shao M, Chang Q, Dodelet J P, et al. Recent advances in electrocatalysts for oxygen reduction reaction[J]. Chemical Reviews, 2016, 116 (6): 3594-657.

[10] Escudero-Escribano M, Malacrida P, Hansen M H, et al. Tuning the activity of Pt alloy electrocatalysts by means of the lanthanide contraction[J]. Science, 2016, 352 (6281): 73-76.

[11] Marković N M, Adžić R R, Cahan B D, et al. Structural effects in electrocatalysis: oxygen reduction on platinum low index single-crystal surfaces in perchloric acid solutions[J]. Journal of Electroanalytical Chemistry, 1994, 377 (1): 249-259.

[12] Stamenkovic V R, Fowler B, Mun B S, et al. Improved oxygen reduction activity on Pt₃Ni（111）via increased surface site availability[J]. Science, 2007, 315（5811）: 493-497.

[13] Gan L, Cui C, Heggen M, et al. Element-specific anisotropic growth of shaped platinum alloy nanocrystals[J]. Science, 2014, 346（6216）: 1502-1506.

[14] Stamenkovic V R, Mun B S, Arenz M, et al. Trends in electrocatalysis on extended and nanoscale Pt-bimetallic alloy surfaces[J]. Nature Materials, 2007, 6（3）: 241-247.

[15] Stephens I E, Bondarenko A S, Perez-Alonso F J, et al. Tuning the activity of Pt（111）for oxygen electroreduction by subsurface alloying[J]. Journal of the American Chemical Society, 2011, 133（14）: 5485-5491.

[16] Strasser P, Koh S, Anniyev T, et al. Lattice-strain control of the activity in dealloyed core-shell fuel cell catalysts[J]. Nature Chemistry, 2010, 2（6）: 454-460.

[17] Wang X, Vara M, Luo M, et al. Pd@Pt core-shell concave decahedra: a class of catalysts for the oxygen reduction reaction with enhanced activity and durability[J]. Journal of the American Chemical Society, 2015, 137（47）: 15036-15042.

[18] Raj C R, Samanta A, Noh S H, et al. Emerging new generation electrocatalysts for the oxygen reduction reaction[J]. Journal of Materials Chemistry A, 2016, 4（29）: 11156-11178.

[19] Choi C H, Choi W S, Kasian O, et al. Unraveling the nature of sites active toward hydrogen peroxide reduction in Fe-N-C catalysts[J]. Angewandte Chemie International Edition, 2017, 56（30）: 8809-8812.

[20] Luo E, Chu Y, Liu J, et al. Pyrolyzed M-N-X catalysts for oxygen reduction reaction: progress and prospects[J]. Energy & Environmental Science, 2021, 14（4）: 2158-2185.

[21] Li J, Ghoshal S, Liang W, et al. Structural and mechanistic basis for the high activity of Fe-N-C catalysts toward oxygen reduction[J]. Energy & Environmental Science, 2016, 9（7）: 2418-2432.

[22] Holby E F, Taylor C D. Activity of N-coordinated multi-metal-atom active site structures for Pt-free oxygen reduction reaction catalysis: role of *OH ligands[J]. Science Reports, 2015, 5: 9286.

[23] Jasinski R. A new fuel cell cathode catalyst[J]. Nature, 1964, 201（4925）: 1212-1213.

[24] Jahnke H, Schönborn M, Zimmermann G.Organic dyestuffs as catalysts for fuel cells[J].Topics in Current Chemistry, 1976, 61: 133-181.

[25] Gupta S, Tryk D, Bae I, et al. Heat-treated polyacrylonitrile-based catalysts for oxygen electroreduction[J]. Journal of Applied Electrochemistry, 1989, 19: 19-27.

[26] Lefevre M, Proietti E, Jaouen F, et al. Iron-based catalysts with improved oxygen reduction activity in polymer electrolyte fuel cells[J]. Science, 2009, 324（5923）: 71-74.

[27] Proietti E, Jaouen F, Lefevre M, et al. Iron-based cathode catalyst with enhanced power density in polymer electrolyte membrane fuel cells[J]. Nature Communications, 2011, 2: 416.

[28] Wu G, More K L, Johnston C M, et al. High-performance electrocatalysts for oxygen reduction derived from polyaniline, iron, and cobalt[J]. Science, 2011, 332（6028）: 443-447.

[29] Sa Y J, Park C, Jeong H Y, et al. Carbon nanotubes/heteroatom-doped carbon core-sheath nanostructures as highly active, metal-free oxygen reduction electrocatalysts for alkaline fuel cells[J]. Angewandte Chemie International Edition, 2014, 53（16）: 4102-4106.

[30] Stariha S, Artyushkova K, Workman M J, et al. PGM-free Fe-N-C catalysts for oxygen reduction reaction: catalyst layer design[J]. Journal of Power Sources, 2016, 326: 43-49.

[31] Shui J, Chen C, Grabstanowicz L, et al. Highly efficient nonprecious metal catalyst prepared with metal-organic framework in a continuous carbon nanofibrous network[J]. Proceedings of the National Academy Sciences, 2015,

112（34）：10629-10634.

[32] Wan X, Liu X, Li Y, et al. Fe-N-C electrocatalyst with dense active sites and efficient mass transport for high-performance proton exchange membrane fuel cells[J]. Nature Catalysis, 2019, 2（3）：259-268.

[33] Zhang Y, Huang L B, Jiang W J, et al. Sodium chloride-assisted green synthesis of a 3D Fe-N-C hybrid as a highly active electrocatalyst for the oxygen reduction reaction[J]. Journal of Materials Chemistry A, 2016, 4（20）：7781-7787.

[34] Ye Y, Cai F, Li H, et al. Surface functionalization of ZIF-8 with ammonium ferric citrate toward high exposure of Fe-N active sites for efficient oxygen and carbon dioxide electroreduction[J]. Nano Energy, 2017, 38：281-289.

[35] Yang L, Cheng D, Xu H, et al. Unveiling the high-activity origin of single-atom iron catalysts for oxygen reduction reaction[J]. Proceedings of the National Academy Sciences, 2018, 115（26）：6626-6631.

[36] Chen Y, Matanovic I, Weiler E, et al. Mechanism of oxygen reduction reaction on transition metal-nitrogen-carbon catalysts: establishing the role of nitrogen-containing active sites[J]. ACS Applied Energy Materials, 2018, 1（11）：5948-5953.

[37] Zhang N, Zhou T, Chen M, et al. High-purity pyrrole-type FeN_4 sites as a superior oxygen reduction electrocatalyst[J]. Energy & Environmental Science, 2020, 13（1）：111-118.

[38] Shen H, Gracia-Espino E, Ma J, et al. Synergistic effects between atomically dispersed Fe-N-C and C-S-C for the oxygen reduction reaction in acidic media[J]. Angewandte Chemie International Edition, 2017, 56（44）：13800-13804.

[39] Mun Y, Lee S, Kim K, et al. Versatile strategy for tuning ORR activity of a single Fe-N_4 site by controlling electron-withdrawing/donating properties of a carbon plane[J]. Journal of the American Chemical Society, 2019, 141（15）：6254-6262.

[40] Chen P, Zhou T, Xing L, et al. Atomically dispersed iron-nitrogen species as electrocatalysts for bifunctional oxygen evolution and reduction reactions[J]. Angewandte Chemie, 2017, 129（2）：625-629.

[41] Wang W, Jia Q, Mukerjee S, et al. Recent insights into the oxygen-reduction electrocatalysis of Fe/N/C materials[J]. ACS Catalysis, 2019, 9（11）：10126-10141.

[42] Lopes P P, Li D, Lv H, et al. Eliminating dissolution of platinum-based electrocatalysts at the atomic scale[J]. Nature Materials, 2020, 19（11）：1207-1214.

[43] Kinoshita K. Particle size effects for oxygen reduction on highly dispersed platinum in acid electrolytes[J]. Journal of The Electrochemical Society, 1990, 137（3）：845.

[44] Zhu S, Wang X, Luo E, et al. Stabilized Pt cluster-based catalysts used as low-loading cathode in proton-exchange membrane fuel cells[J]. ACS Energy Letters, 2020, 5（9）：3021-3028.

[45] Seo M H, Choi S M, Lim E J, et al. Toward new fuel cell support materials: a theoretical and experimental study of nitrogen-doped graphene[J]. ChemSusChem, 2014, 7（9）：2609-2620.

[46] Jia Q, Ghoshal S, Li J, et al. Metal and metal oxide interactions and their catalytic consequences for oxygen reduction reaction[J]. Journal of the American Chemical Society, 2017, 139（23）：7893-7903.

[47] Zeng Y, Guo X, Wang Z, et al. Highly stable nanostructured membrane electrode assembly based on Pt/Nb_2O_5 nanobelts with reduced platinum loading for proton exchange membrane fuel cells[J]. Nanoscale, 2017, 9（20）：6910-6919.

[48] Ma Z, Li S, Wu L, et al. NbO_x nano-nail with a Pt head embedded in carbon as a highly active and durable oxygen reduction catalyst[J]. Nano Energy, 2020, 69：104455.

[49] Gao W, Zhang Z, Dou M, et al. Highly dispersed and crystalline Ta_2O_5 anchored Pt electrocatalyst with improved

activity and durability toward oxygen reduction: promotion by atomic-scale Pt–Ta$_2$O$_5$ interactions[J]. ACS Catalysis, 2019, 9 (4): 3278-3288.

[50]　Zhang J, Yuan Y, Gao L, et al. Stabilizing Pt‐based electrocatalysts for oxygen reduction reaction: fundamental understanding and design strategies[J]. Advanced Materials, 2021, 33 (20): 2006494.

[51]　Stamenkovic V R, Mun B S, Arenz M, et al. Trends in electrocatalysis on extended and nanoscale Pt-bimetallic alloy surfaces[J]. Nature Materials, 2007, 6 (3): 241-247.

[52]　Cui C, Gan L, Li H H, et al. Octahedral PtNi nanoparticle catalysts: exceptional oxygen reduction activity by tuning the alloy particle surface composition[J]. Nano Letters, 2012, 12 (11): 5885-5889.

[53]　Huang X, Zhao Z, Chen Y, et al. A rational design of carbon-supported dispersive Pt-based octahedra as efficient oxygen reduction reaction catalysts[J]. Energy & Environmental. Science, 2014, 7 (9): 2957-2962.

[54]　Huang X, Zhao Z, Cao L, et al. High-performance transition metal–doped Pt$_3$Ni octahedra for oxygen reduction reaction[J]. Science, 2015, 348 (6240): 1230-1234.

[55]　Tian X, Zhao X, Su Y Q, et al. Engineering bunched Pt-Ni alloy nanocages for efficient oxygen reduction in practical fuel cells[J]. Science, 2019, 366 (6467): 850-856.

[56]　Li J, Sharma S, Liu X, et al. Hard-magnet L1$_0$-CoPt nanoparticles advance fuel cell catalysis[J]. Joule, 2019, 3 (1): 124-135.

[57]　Wang X X, Swihart M T, Wu G. Achievements, challenges and perspectives on cathode catalysts in proton exchange membrane fuel cells for transportation[J]. Nature Catalysis, 2019, 2 (7): 578-589.

[58]　Yan Y, Du J S, Gilroy K D, et al. Intermetallic nanocrystals: syntheses and catalytic applications[J]. Advanced Materials, 2017, 29 (14): 1605997.

[59]　Zhu H, Cai Y, Wang F, et al. Scalable preparation of the chemically ordered Pt-Fe-Au nanocatalysts with high catalytic reactivity and stability for oxygen reduction reactions[J]. ACS Applied Materials & Interfaces, 2018, 10 (26): 22156-22166.

[60]　Zhang S, Guo S, Zhu H, et al. Structure-induced enhancement in electrooxidation of trimetallic FePtAu nanoparticles[J]. Journal of the American Chemical Society, 2012, 134 (11): 5060-5063.

[61]　Xiong Y, Xiao L, Yang Y, et al. High-loading intermetallic Pt$_3$Co/C core-shell nanoparticles as enhanced activity electrocatalysts toward the oxygen reduction reaction（ORR）[J]. Chemistry of Materials, 2018, 30 (5): 1532-1539.

[62]　Yang C L, Wang L N, Yin P, et al. Sulfur-anchoring synthesis of platinum intermetallic nanoparticle catalysts for fuel cells[J]. Science, 2021, 374 (6566): 459-464.

[63]　Chen D, Li Z, Zhou Y, et al. Fe$_3$Pt intermetallic nanoparticles anchored on N-doped mesoporous carbon for the highly efficient oxygen reduction reaction[J]. Chemical Communications, 2020, 56 (36): 4898-4901.

[64]　Zhao W, Ye Y, Jiang W, et al. Mesoporous carbon confined intermetallic nanoparticles as highly durable electrocatalysts for the oxygen reduction reaction[J]. Journal of Materials Chemistry A, 2020, 8 (31): 15822-15828.

[65]　Wang X X, Hwang S, Pan Y T, et al. Ordered Pt$_3$Co intermetallic nanoparticles derived from metal-organic frameworks for oxygen reduction[J]. Nano Letters, 2018, 18 (7): 4163-4171.

[66]　Bu L, Guo S, Zhang X, et al. Surface engineering of hierarchical platinum-cobalt nanowires for efficient electrocatalysis[J]. Nature Communications, 2016, 7: 11850.

[67]　Luo S, Ou Y, Li L, et al. Intermetallic Pd$_3$Pb ultrathin nanoplate-constructed flowers with low-coordinated edge sites boost oxygen reduction performance[J]. Nanoscale, 2019, 11 (37): 17301-17307.

[68]　Liu S, Wang M, Yang X, et al. Chemical vapor deposition for atomically dispersed and nitrogen coordinated

single metal site catalysts[J]. Angewandte Chemie-International Edition，2020，59（48）：21698-21705.

[69] Jiao L，Li J，Richard L L，et al. Chemical vapour deposition of Fe-N-C oxygen reduction catalysts with full utilization of dense Fe-N$_4$ sites[J]. Nature Materials，2021，20（10）：1385-1391.

[70] Xie X，He C，Li B，et al. Performance enhancement and degradation mechanism identification of a single-atom Co-N-C catalyst for proton exchange membrane fuel cells[J]. Nature Catalysis，2020，3（12）：1044-1054.

[71] DOE Annual Report[EB/OL]. https://www.hydrogen.energy.gov/amr-presentation-database.html.

[72] Xiao M，Zhu J，Li G，et al. A single-atom iridium heterogeneous catalyst in oxygen reduction reaction[J]. Angewandte Chemie International Edition，2019，58（28）：9640-9645.

[73] Gong L，Zhang H，Wang Y，et al. Bridge bonded oxygen ligands between approximated FeN$_4$ sites confer catalysts with high ORR performance[J]. Angewandte Chemie International Edition，2020，59（33）：13923-13928.

[74] Xiao M，Chen Y，Zhu J，et al. Climbing the apex of the ORR volcano plot via binuclear site construction：electronic and geometric engineering[J]. Journal of the American Chemical Society，2019，141（44）：17763-17770.

[75] Niu W J，He J Z，Gu B N，et al. Opportunities and challenges in precise synthesis of transition metal single-atom supported by 2D materials as catalysts toward oxygen reduction reaction[J]. Advanced Functional Materials，2021：2103558.

[76] Liu M，Wang L，Zhao K，et al. Atomically dispersed metal catalysts for the oxygen reduction reaction：synthesis，characterization，reaction mechanisms and electrochemical energy applications[J]. Energy & Environmental Science，2019，12（10）：2890-2923.

[77] Kannan A，Kabza A，Scholta J. Long term testing of start-stop cycles on high temperature PEM fuel cell stack[J]. Journal of Power Sources，2015，277：312-316.

[78] Sasaki K，Naohara H，Cai Y，et al. Core-protected platinum monolayer shell high-stability electrocatalysts for fuel- cell cathodes[J]. *Angew*andte Chemie，2010，122（46）：8784-8789.

[79] Liu J，Jiao M，Lu L，et al. High performance platinum single atom electrocatalyst for oxygen reduction reaction[J]. Nature Communications，2017，8（1）：1-10.

[80] Zhang L，Fischer J M T A，Jia Y，et al. Coordination of atomic Co-Pt coupling species at carbon defects as active sites for oxygen reduction reaction[J]. Journal of the American Chemical Society，2018，140（34）：10757-10763.

[81] Gong K，Du F，Xia Z，et al. Nitrogen-doped carbon nanotube arrays with high electrocatalytic activity for oxygen reduction[J]. Science，2009，323（5915）：760-764.

[82] Zhang L，Lin C Y，Zhang D，et al. Guiding principles for designing highly efficient metal-free carbon catalysts[J]. Advanced Materianls，2019，31（13）：1805252.

[83] Daems N，Sheng X，Vankelecom I F，et al. Metal-free doped carbon materials as electrocatalysts for the oxygen reduction reaction[J]. Journal of Materials Chemistry A，2014，2（12）：4085-4110.

[84] Quílez-Bermejo J，Morallón E，Cazorla-Amorós D. Metal-free heteroatom-doped carbon-based catalysts for ORR：a critical assessment about the role of heteroatoms[J]. Carbon，2020，165：434-454.

[85] Liang Y，Li Y，Wang H，et al. Co$_3$O$_4$ nanocrystals on graphene as a synergistic catalyst for oxygen reduction reaction[J]. Nature materials，2011，10（10）：780-786.

[86] Odedairo T，Yan X，Ma J，et al. Nanosheets Co$_3$O$_4$ interleaved with graphene for highly efficient oxygen reduction[J]. ACS Applied Materials & Interfaces，2015，7（38）：21373-21380.

[87] Deng D，Yu L，Chen X，et al. Iron encapsulated within pod‐like carbon nanotubes for oxygen reduction reaction[J]. Angewandte Chemie，2013，125（1）：389-393.

[88] Liu D，He Q，Ding S，et al. Structural regulation and support coupling effect of single‐atom catalysts for

heterogeneous catalysis[J]. Advanced Energy Materials，2020，10（32）：2001482.

[89] Ling T，Jaroniec M，Qiao S Z. Recent progress in engineering the atomic and electronic structure of electrocatalysts via cation exchange reactions[J]. Advanced Materianls，2020，32（46）：2001866.

[90] Sun J，Du L，Sun B，et al. Bifunctional LaMn$_{0.3}$Co$_{0.7}$O$_3$ perovskite oxide catalyst for oxygen reduction and evolution reactions：the optimized eg electronic structures by manganese dopant[J]. ACS Applied Materials & Interfaces，2020，12（22）：24717-24725.

[91] Wang M，Han B，Deng J，et al. Influence of Fe substitution into LaCoO$_3$ electrocatalysts on oxygen-reduction activity[J]. ACS Applied Materials & Interfaces，2019，11（6）：5682-5686.

[92] Yang Z，Zhou X，Jin Z，et al. A facile and general approach for the direct fabrication of 3D，vertically aligned carbon nanotube array/transition metal oxide composites as non-Pt catalysts for oxygen reduction reactions[J]. Advanced Materianls，2014，26（19）：3156-3161.

[93] Liu H，Guan J，Yang S，et al. Metal-organic-framework-derived Co$_2$P nanoparticle/multi-doped porous carbon as a trifunctional electrocatalyst[J]. Advanced Materianls，2020，32（36）：2003649.

[94] Surendran S，Shanmugapriya S，Sivanantham A，et al. Electrospun carbon nanofibers encapsulated with NiCoP：a multifunctional electrode for supercapattery and oxygen reduction，oxygen evolution，and hydrogen evolution reactions[J]. Advanced Energy Materials，2018，8（20）：1800555.

[95] Ren D，Ying J，Xiao M，et al. Hierarchically porous multimetal‐based carbon nanorod hybrid as an efficient oxygen catalyst for rechargeable zinc-air batteries[J]. Advanced Functional Materials，2020，30（7）：1908167.

[96] Han X，Zhang W，Ma X，et al. Identifying the activation of bimetallic sites in NiCo$_2$S$_4$@ g-C$_3$N$_4$-CNT hybrid electrocatalysts for synergistic oxygen reduction and evolution[J]. Advanced Materianls，2019，31（18）：1808281.

[97] Liu W，Ren B，Zhang W，et al. Defect-enriched nitrogen doped-graphene quantum dots engineered NiCo$_2$S$_4$ nanoarray as high-efficiency bifunctional catalyst for flexible Zn-air battery[J]. Small，2019，15（44）：1903610.

[98] Rasaki S A，Shen H，Thomas T，et al. Solid-solid separation approach for preparation of carbon-supported cobalt carbide nanoparticle catalysts for oxygen reduction[J]. ACS Applied Nano Materials，2019，2（6）：3662-3670.

[99] Huang H，Chang Y，Jia J，et al. Understand the Fe$_3$C nanocrystalline grown on rGO and its performance for oxygen reduction reaction[J]. International Journal of Hydrogen Energy，2020，45（53）：28764-28773.

[100] Kreider M E，Gallo A，Back S，et al. Precious metal-free nickel nitride catalyst for the oxygen reduction reaction[J]. ACS Applied Materials & Interfaces，2019，11（30）：26863-26871.

[101] Wang M，Yang Y，Liu X，et al. The role of iron nitrides in the Fe-N-C catalysis system towards the oxygen reduction reaction[J]. Nanoscale，2017，9（22）：7641-7649.

[102] Tian X L，Wang L，Chi B，et al. Formation of a tubular assembly by ultrathin Ti$_{0.8}$Co$_{0.2}$N nanosheets as efficient oxygen reduction electrocatalysts for hydrogen-/metal-air fuel cells[J]. ACS Catalysis，2018，8（10）：8970-8975.

[103] Strickland K，Miner E，Jia Q，et al. Highly active oxygen reduction non-platinum group metal electrocatalyst without direct metal-nitrogen coordination[J]. Nature Communications，2015，6（1）：1-8.

[104] Varnell J A，Edmund C，Schulz C E，et al. Identification of carbon-encapsulated iron nanoparticles as active species in non-precious metal oxygen reduction catalysts[J]. Nature Communications，2016，7（1）：1-9.

[105] Chen M X，Zhu M，Zuo M，et al. Identification of catalytic sites for oxygen reduction in metal/nitrogen‐doped carbons with encapsulated metal nanoparticles[J]. Angewandte Chemie，2020，132（4）：1644-1650.

[106] Chen X，Xiao J，Wang J，et al. Visualizing electronic interactions between iron and carbon by X-ray chemical imaging and spectroscopy[J]. Chemical Science，2015，6（5）：3262-3267.

[107] Hu Y，Jensen J O，Zhang W，et al. Direct synthesis of Fe$_3$C-functionalized graphene by high temperature autoclave

pyrolysis for oxygen reduction[J]. ChemSusChem，2014，7（8）：2099-2103.

[108] Aijaz A，Masa J，Rösler C，et al. MOF-templated assembly approach for Fe₃C nanoparticles encapsulated in bamboo-like N-doped CNTs：highly efficient oxygen reduction under acidic and basic conditions[J]. Chemistry-A European Journal，2017，23（50）：12125-12130.

[109] Kong A，Zhang Y，Chen Z，et al. One-pot synthesized covalent porphyrin polymer-derived core-shell Fe₃C@ carbon for efficient oxygen electroreduction[J]. Carbon，2017，116：606-614.

[110] Hu Y，Jensen J O，Zhang W，et al. Hollow spheres of iron carbide nanoparticles encased in graphitic layers as oxygen reduction catalysts[J]. *Angew*andte Chemie，2014，126（14）：3749-3753.

[111] Zhu J，Xiao M，Liu C，et al. Growth mechanism and active site probing of Fe₃C@ N-doped carbon nanotubes/C catalysts：guidance for building highly efficient oxygen reduction electrocatalysts[J]，2015，3（43）：21451-21459.

[112] Xiao M，Zhu J，Feng L，et al. Meso/macroporous nitrogen‐doped carbon architectures with iron carbide encapsulated in graphitic layers as an efficient and robust catalyst for the oxygen reduction reaction in both acidic and alkaline solutions[J]. Advanced Materianls，2015，27（15）：2521-2527.

[113] Nandan R，Pandey P，Gautam A，et al. Atomic arrangement modulation in CoFe nanoparticles encapsulated in N-doped carbon nanostructures for efficient oxygen reduction reaction[J]. ACS Applied Materials & Interfaces，2021，13（3）：3771-3781.

[114] Lv C，Liang B，Li K，et al. Boosted activity of graphene encapsulated CoFe alloys by blending with activated carbon for oxygen reduction reaction[J]. Biosens Bioelectron，2018，117：802-809.

[115] Liu Y，Wu X，Guo X，et al. Modulated FeCo nanoparticle in situ growth on the carbon matrix for high-performance oxygen catalysts[J]. Materials Today Energy，2021，19：100610.

[116] Hou Y，Cui S，Wen Z，et al. Strongly coupled 3D hybrids of N‐doped porous carbon nanosheet/CoNi alloy-encapsulated carbon nanotubes for enhanced electrocatalysis[J]. Small，2015，11（44）：5940-5948.

[117] Niu L，Liu G，Li Y，et al. CoNi alloy nanoparticles encapsulated in N-doped graphite carbon nanotubes as an efficient electrocatalyst for oxygen reduction reaction in an alkaline medium[J]. ACS Sustainable Chemistry & Engineering，2021，9（24）：8207-8213.

[118] Zhu J，Xiao M，Zhang Y，et al. Metal-organic framework-induced synthesis of ultrasmall encased NiFe nanoparticles coupling with graphene as an efficient oxygen electrode for a rechargeable Zn-air battery[J]. ACS Catalysis，2016，6（10）：6335-6342.

[119] Wang Z，Ang J，Liu J，et al. FeNi alloys encapsulated in N-doped CNTs-tangled porous carbon fibers as highly efficient and durable bifunctional oxygen electrocatalyst for rechargeable zinc-air battery[J]. Applied Catalysis B：Environmental，2020，263：118344.

[120] Niu H J，Chen S S，Feng J J，et al. Assembled hollow spheres with CoFe alloyed nanocrystals encapsulated in N，P-doped carbon nanovesicles：an ultra-stable bifunctional oxygen catalyst for rechargeable Zn-air battery[J]. Journal of Power Sources，2020，475：228594.

[121] Dong Z，Li M，Zhang W，et al. Cobalt nanoparticles embedded in N，S co-doped carbon towards oxygen reduction reaction derived by *in situ* reducing cobalt sulfide[J]. ChemCatChem，2019，11（24）：6039-6050.

[122] Qiao B，Wang A，Yang X，et al. Single-atom catalysis of CO oxidation using Pt₁/FeOₓ[J]. Nature Chemistry，2011，3（8）：634-41.

[123] Lefèvre M，Proietti E，Jaouen F，et al. Iron-based catalysts with improved oxygen reduction activity in polymer electrolyte fuel cells[J]. Science，2009，324（5923）：71-74.

[124] Chen Y，Ji S，Wang Y，et al. Isolated single iron atoms anchored on N‐doped porous carbon as an efficient

electrocatalyst for the oxygen reduction reaction[J]. *Angew*andte Chemie，2017，129（24）：7041-7045.

[125]　Xiao M，Zhu J，Ma L，et al. Microporous framework induced synthesis of single-atom dispersed Fe-NC acidic ORR catalyst and its in situ reduced Fe-N$_4$ active site identification revealed by X-ray absorption spectroscopy[J]. ACS Catalysis，2018，8（4）：2824-2832.

[126]　Zhao X，Shao L，Wang Z，et al. In situ atomically dispersed Fe doped metal-organic framework on reduced graphene oxide as bifunctional electrocatalyst for Zn-air batteries[J]. Journal of Materials Chemistry C，2021，9（34）：11252-11260.

[127]　Gong X，Zhu J，Li J，et al. Self-templated hierarchically porous carbon nanorods embedded with atomic Fe-N$_4$ active sites as efficient oxygen reduction electrocatalysts in Zn-air batteries[J]. Advanced Functional Materials，2021，31（8）：2008085.

[128]　Fu X，Jiang G，Wen G，et al. Densely accessible Fe-N$_x$ active sites decorated mesoporous-carbon-spheres for oxygen reduction towards high performance aluminum-air flow batteries[J]. Applied Catalysis B：Environmental，2021，293：120176.

[129]　Xiao M，Xing Z，Jin Z，et al. Preferentially engineering FeN$_4$ edge sites onto graphitic nanosheets for highly active and durable oxygen electrocatalysis in rechargeable Zn-air batteries[J]. Advanced Materials，2020，32（49）：2004900.

[130]　Han X，Ling X，Wang Y，et al. Generation of nanoparticle，atomic-cluster，and single-atom cobalt catalysts from zeolitic imidazole frameworks by spatial isolation and their use in zinc-air batteries[J]. *Angew*andte Chemie，2019，131（16）：5413-5418.

[131]　Pan Y，Liu S，Sun K，et al. A bimetallic Zn/Fe polyphthalocyanine-derived single-atom Fe-N$_4$ catalytic site：a superior trifunctional catalyst for overall water splitting and Zn-air batteries[J]. *Angew*andte Chemie-International Editionangew，2018，57（28）：8614-8618.

[132]　Chen G，Liu P，Liao Z，et al. Zinc-mediated template synthesis of Fe-N-C electrocatalysts with densely accessible Fe-N$_x$ active sites for efficient oxygen reduction[J]. Advanced Materials，2020，32（8）：1907399.

[133]　Khan M A，Sun C，Cai J，et al. Potassium-ion activating formation of Fe-N-C moiety as efficient oxygen electrocatalyst for Zn-air batteries[J]. ChemElectroChem，2021，8（7）：1298-1306.

[134]　Ding S，Lyu Z，Sarnello E，et al. MnO$_x$ Enhanced atomically dispersed iron-nitrogen-carbon catalyst for oxygen reduction reaction[J]. Journal of Materials Chemistry A，2021，10（11）：5981-5989.

[135]　Cheng Q，Yang L，Zou L，et al. Single cobalt atom and N codoped carbon nanofibers as highly durable electrocatalyst for oxygen reduction reaction[J]. ACS Catalysis，2017，7（10）：6864-6871.

[136]　Wu G，More K L，Johnston C M，et al. High-performance electrocatalysts for oxygen reduction derived from polyaniline，iron，and cobalt[J]. Science，2011，332（6028）：443-447.

[137]　Song P，Luo M，Liu X，et al. Zn single atom catalyst for highly efficient oxygen reduction reaction[J]. Advanced Functional Materials，2017，27（28）：1700802.

[138]　Zhang S，Xue H，Li W L，et al. Constructing precise coordination of nickel active sites on hierarchical porous carbon framework for superior oxygen reduction[J]. Small，2021，17（35）：2102125.

[139]　Shang H，Zhou X，Dong J，et al. Engineering unsymmetrically coordinated Cu-S$_1$N$_3$ single atom sites with enhanced oxygen reduction activity[J]. Nature Communications，2020，11（1）：1-11.

[140]　Zhang L，Xu Q，Niu J，et al. Role of lattice defects in catalytic activities of graphene clusters for fuel cells[J]. Physical Chemistry Chemical Physics，2015，17（26）：16733-16743.

[141]　Jia Y，Zhang L，Zhuang L，et al. Identification of active sites for acidic oxygen reduction on carbon catalysts

with and without nitrogen doping[J]. Nature Catalysis，2019，2（8）：688-695.

[142] Hu C，Paul R，Dai Q，et al. Carbon-based metal-free electrocatalysts：from oxygen reduction to multifunctional electrocatalysis[J]. Chemical Society Reviews，2021，50（21）：11785-11843.

[143] Gao F，Zhao G L，Yang S，et al. Nitrogen-doped fullerene as a potential catalyst for hydrogen fuel cells[J]. Journal of the American Chemical Society，2013，135（9）：3315-3318.

[144] Sidik R A，Anderson A B，Subramanian N P，et al. O₂ reduction on graphite and nitrogen-doped graphite：experiment and theory[J]. The Journal of Physical Chemistry B，2006，110（4）：1787-1793.

[145] Xing T，Zheng Y，Li L H，et al. Observation of active sites for oxygen reduction reaction on nitrogen-doped multilayer graphene[J]. ACS Nano，2014，8（7）：6856-6862.

[146] Guo D，Shibuya R，Akiba C，et al. Active sites of nitrogen-doped carbon materials for oxygen reduction reaction clarified using model catalysts[J]. Science，2016，351（6271）：361-365.

[147] Ding W，Wei Z，Chen S，et al. Space-confinement-induced synthesis of pyridinic-and pyrrolic-nitrogen-doped graphene for the catalysis of oxygen reduction[J]. Angewandte Chemie，2013，125（45）：11971-11975.

[148] Luo E，Xiao M，Ge J，et al. Selectively doping pyridinic and pyrrolic nitrogen into a 3D porous carbon matrix through template-induced edge engineering：enhanced catalytic activity towards the oxygen reduction reaction[J]. Journal of Materials Chemistry A，2017，5（41）：21709-21714.

[149] Silva R，Al-Sharab J，Asefa T. Edge-plane-rich nitrogen-doped carbon nanoneedles and efficient metal-free electrocatalysts[J]. Angewandte Chemie-International Editionangew，2012，51（29）：7171-7175.

[150] Zhao Y，Yang L，Chen S，et al. Can boron and nitrogen co-doping improve oxygen reduction reaction activity of carbon nanotubes？[J]. Journal of the American Chemical Society，2013，135（4）：1201-1204.

[151] Zhu J，Li K，Xiao M，et al. Significantly enhanced oxygen reduction reaction performance of N-doped carbon by heterogeneous sulfur incorporation：synergistic effect between the two dopants in metal-free catalysts[J]. Journal of Materials Chemistry A，2016，4（19）：7422-7429.

[152] Chen W，Chen X，Qiao R，et al. Understanding the role of nitrogen and sulfur doping in promoting kinetics of oxygen reduction reaction and sodium ion battery performance of hollow spherical graphene[J]. Carbon，2022，187：230-240.

[153] Razmjooei F，Singh K P，Song M Y，et al. Enhanced electrocatalytic activity due to additional phosphorous doping in nitrogen and sulfur-doped graphene：a comprehensive study[J]. Carbon，2014，78：257-267.

[154] Xing Z，Xiao M，Guo Z，et al. Colloidal silica assisted fabrication of N，O，S-tridoped porous carbon nanosheets with excellent oxygen reduction performance[J]. Chem Commun，2018，54（32）：4017-4020.

[155] Li J Z，Chen M J，Cullen D A，et al. Atomically dispersed manganese catalysts for oxygen reduction in proton-exchange membrane fuel cells[J]. Nature Catalysis，2018，1（12）：935-945.

第 5 章 反应器中的高效表达

5.1 燃料电池电堆的主要组件

5.1.1 核心部件——膜电极

5.1.1.1 燃料电池和膜电极

1）燃料电池和电堆结构

燃料电池是用燃料来发电的能量转换装置。它将一对氧化还原反应分开，在电池两极分别进行，中间使用固体电解质膜隔开，膜的内部是离子回路，电极和外部负载是电子回路。以氢氧燃料电池为例，氢气通过阳极反应，释放的电子经外电路到达阴极，生成的质子通过中间的质子交换膜到达阴极，与氧气生成水排出（图 5-1）。

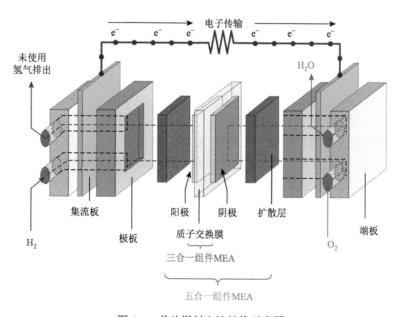

图 5-1 单片燃料电池结构示意图

燃料电池内部的关键材料，从中心到外侧依次是电解质膜、催化层、扩散层和极板。最中心的电解质膜和催化层，是发生电化学反应的位置，作为燃料电池中的核心部件，被称为膜电极装配体（membrane electrode assembly，MEA），简称膜电极或者 MEA。这种"催化层-电解质膜-催化层"的结构也可以称为三合一膜电极，如果催化层外又贴合了扩散层（或微孔层），可以称为五合一膜电极。

电堆是多层 MEA 的燃料电池。单片燃料电池的理论电压是 1.23 V，在实际工况条件下，氢氧燃料电池的工作电压是 0.7～0.8 V，这么低的电压并不能满足实际的应用需求。例如，航天使用的燃料电池供电约为 28 V，燃料电池轿车的供电约为 300 V，卡车要达到 600 V。因此，实际工况是把许多单片的 MEA 进行串联堆叠，组成电堆进行工作，再结合 DC-DC 转换器，最终达到所需的工作电压（图 5-2）。

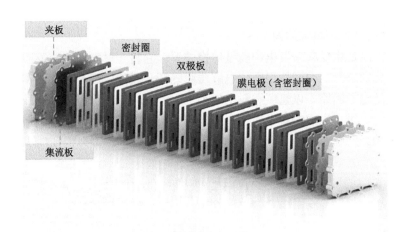

图 5-2　燃料电池电堆结构示意图[1]

保障电堆的运转需要一个复杂的系统，除电堆外的部分被称为系统辅件（BOP）。BOP 提供燃料供给、水热管理等功能。以氢氧燃料电堆为例，主要 BOP 部件包括空压机、增湿器、氢气循环泵、高压氢瓶等。

2）膜电极的类型

在电堆内部，燃料电池的电化学反应由一连串的 MEA 来完成。MEA 作为质子交换膜燃料电池的核心部件，与催化材料的性能表达有重要关系，决定了电池的功率密度、寿命等主要性能指标。MEA 包含膜、催化剂和扩散层等关键材料，在电堆中的成本占比非常高。美国能源部评估，燃料电池产量在 50 万台规模情况下，MEA 仍会占 62%的材料成本。因此，人们特别重视对高品质、低成本电解质膜的开发，以及对低贵金属载量催化层的研究。

膜电极的分类等同于燃料电池的分类，依据离子传导的方式进行划分，膜电极可以分为质子交换膜燃料电池、碱性阴离子交换膜燃料电池、高温质子交换膜燃料电池等。

质子交换膜（proton exchange membrane，PEM）是最主流的类型，特点是以全氟磺酸（PSFA）树脂为骨架，膜内通过水合的 H^+ 进行离子传输。商业化产品以 Nafion 膜为代表，用于氢氧燃料电池、直接甲醇燃料电池。还有一些非氟材料的质子交换膜，如磺化聚醚酮（SPEK）、磺化聚苯并咪唑（SPBI）、磺化聚芳醚砜（SPAES）等，离子传输机理与全氟磺酸树脂大同小异，具有价格优势。

碱性阴离子交换膜（anion exchange membrane，AEM）的聚合物骨架含有阳离子基团，膜内通过阴离子传输。由于碱性条件下一些非贵金属材料具有较高的催化活性，碱性燃料电池在很大程度上能够降低催化剂的成本，其研究的重点在于制备高性能长寿命的膜材料。

高温质子交换膜是基于磷酸燃料电池（PAFC）发展起来的一种离子交换膜，通常使用聚苯并咪唑（PBI）掺杂磷酸作为电解质膜，它在本质上是一种质子导电膜（图 5-3）。与 PEM 的差别在于，这种膜的工作温度在 160~200℃，H^+ 不通过水合方式移动，而通过质子跳跃机理来完成质子传输。其特点在于工作温度高，阳极催化剂对 CO 等毒化物的耐毒性作用较强，使用重整氢作为直接燃料。

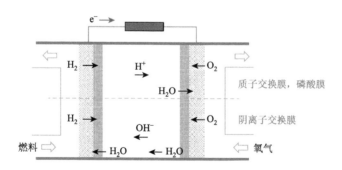

图 5-3　质子交换膜和阴离子交换膜

5.1.1.2　制备的方法

一般催化剂制备成膜电的步骤如下：首先，催化剂粉末、黏结剂和分散溶剂混合，经过超声、搅拌或者研磨制成催化剂墨水。然后，将催化剂墨水涂布、干燥成为催化薄层。最后，催化层、扩散层和电解质膜贴合起来，制备成膜电极。

1）MEA 的工艺方法

根据工艺步骤的不同，MEA 的制备工艺分为气体扩散电极（gas diffusion electrodes，GDE）法、催化剂涂层膜（catalyst coated membrane，CCM）法和转印等方法。具体来说，GDE 和 CCM 是传统的制备方法。简而言之，它们的区别在于催化层涂布的顺序不同（图 5-4）。

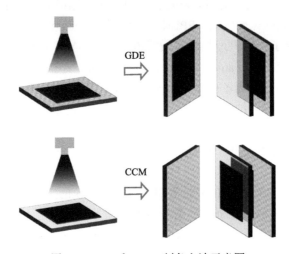

图 5-4　GDE 和 CCM 制备方法示意图

GDE 法是将催化剂和离聚物涂布于扩散层的表面。扩散层通常是指含有微孔层的碳纸。再通过热压，将带有催化层的扩散层与质子交换膜贴合，制成 MEA。GDE 法是最早使用的技术，其特点是制备整片一致的气体扩散电极。

CCM 法是直接将催化剂涂布于质子交换膜的表面，直接制备出三合一 MEA，最后将扩散层与三合一 MEA 热压，制成膜电极。CCM 法制备的催化层直接贴附于质子交换膜表面，与 GDE 方法相比，可以使用更低催化剂载量（$0.2 \ \mathrm{mg \cdot cm^{-2}}$ 左右）。不使用大压力进行热压贴合时，对膜厚度的选择也没那么严格，可以使用更薄的电解质膜。

转印是 CCM 法的改进版，区别之处是，转印方式首先将催化层涂布在特氟龙薄膜上，再经过热压转印到质子交换膜上，后面的步骤就和 CCM 法相同了。

大规模生产对膜电极组件的制造提出了新的挑战。卷对卷（roll to roll）方法是一种连续 CCM 生产制备技术。膜电极组件的催化剂层通常通过两种途径制造：直接涂布或转印。在直接涂布中，催化剂层直接涂布在膜上。转印方法是将催化剂层涂布到转印衬垫上，然后热压转印到膜上（转印流程见图 5-5）。对于大规模生产，直接涂布的工艺和材料成本相对较低，但也存在一些工艺难题，如膜的溶胀等。

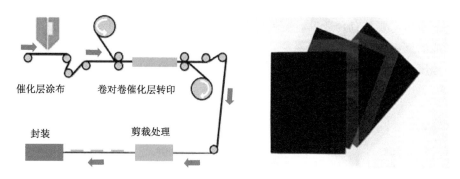

图 5-5　卷对卷催化层转印图

2）催化剂涂布方式

催化剂涂布为催化层，需要将催化剂浆料均匀涂布在担载膜的表面，无论是碳纸、电解质膜或者特氟龙膜，一般采用的两种方式是喷涂和涂布。

喷涂方式制备 MEA 适合实验室规模的研究，具有操作容易、成品率高的优点。图 5-6 显示的是一种半自动化的喷涂方式，将催化剂、黏结剂和分散剂调制为墨水，墨水可能是溶液、胶体或者悬浊液。为降低聚集沉降的情况的影响，墨水会在喷涂口进行二次超声分散，这样有利于得到更平整均一的催化层。

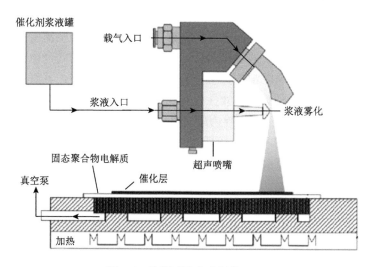

图 5-6　传统喷涂方式制备 MEA

喷涂方式缺点也十分明显，即便使用慢速喷涂，催化剂也会随气流损失，通常催化剂会有 30%左右的损耗，甚至更高，因此喷涂方式更适合小规模的样机需求，并不适合大批量的生产制备。

工业生产中，连续涂布是主要采用的技术。该技术对工艺流程精度要求较高，催化剂浆料需要具有合适的流变性能和干燥速度，可能出现的技术问题有涂布不均造成的拖尾、产生条纹等现象。丰田公司采用间歇槽模涂布方法，通过调整排出口速度、距离和浆料的表面张力等参数，来解决涂布时产生条纹和斑点的问题（图 5-7）。

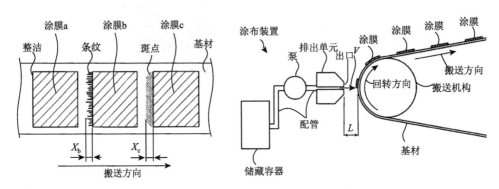

图 5-7　涂布方式制备催化层[2]

3）催化剂墨水的分散

催化剂墨水/浆料是由催化剂、离聚物黏结剂和溶剂构成的混合物，催化剂墨水的调配与催化层的成膜效果密切相关，直接影响 MEA 的性能。

黏结剂和溶剂的关系应优先考虑，聚合物黏结剂在溶剂中需要易于分散或可形成溶胶，如果发生沉降，催化层的性能会大打折扣。溶剂的介电常数是重要的参数，溶剂具有适中的介电常数，会使分散液成为胶体状态，其好处在于聚合物在催化剂颗粒之间均匀穿插，连续性好且孔隙率高，增加了质子传导效率和传质能力。常用的溶剂是水、乙醇和异丙醇（IPA）等，用来分散 Nafion 乳液。IPA 的比例与 Nafion 的分散状态有关，较低的 IPA 比例会造成 Nafion 聚成较大的颗粒。IPA 的介电常数较高，直接调制的墨水通常为悬浊液，可使用乙酸正丁酯等溶剂对其进行调节优化。

另外，溶剂的挥发温度直接影响成膜结构。IPA 具有较低的挥发温度，干燥速度较快，易于喷涂催化层。但是过快的干燥速度会造成催化层表面的微小裂纹，影响 MEA 的性能表达，适当比例的甘油[3]、乙二醇能够调整溶剂的干燥速度，使催化层更加平整。

也有些分散溶剂为强极性溶剂，如 N-甲基吡咯烷酮（NMP）、二甲基甲酰胺（DMF）、二甲基乙酰胺（DMAC）。它们具有分散黏结剂的通用能力，用于难以分散的聚合物，如聚苯并咪唑（PBI）、聚醚醚酮（PEEK）等，这些聚合物即使用 NMP 分散后再用 IPA 稀释，也会析出沉淀。此类溶剂的沸点高，干燥过程会较为缓慢，且存在一定毒性，涂布过程应注意排风。

对于刮涂使用的催化剂浆料，表面张力和黏度则相对重要。有人研究了甲醇等小分子醇类溶剂，发现异丙醇是优选的浆料分散剂[4]。关于黏度特性，通过球磨工艺获得浆料的平均黏度要高于超声分散制备的浆料。球磨浆料的触变性更灵敏，这有利于将浆料涂布到膜表面。

5.1.1.3　电化学测量与分析

电解质膜和催化层共同构成了催化反应界面，如果把单个燃料电池和外接用电设备看作完整的电荷循环，那么催化反应界面正是"内部"离子传输和"外部"电子传输的交界点，所有的电化学过程都在这里发生。在 MEA 工艺参数确定的情况下，其电化学性能直接与催化材料相关，因此 MEA 的性能是评判催化剂电化学性能的直接证据。

1）极化曲线的分析

极化曲线是测试燃料电池最直接的电化学方法。极化曲线一般指燃料电池的电压和电流的对应关系曲线，以电流/电流密度作为横坐标，电压作为纵坐标，表征电池电压随电流密度的变化情况。由于功率是电压和电流的乘积，所以功率-电流密度也通常被同时绘入在极化曲线图中，用右侧的纵轴表示电池功率密度，一个典型的极化曲线如图 5-8 所示。

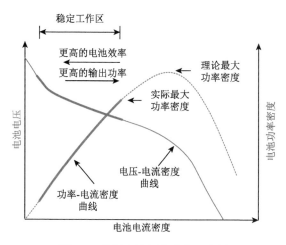

图 5-8　燃料电池极化曲线示意图

在低电流密度区，电池电压更接近平衡电位，此时的燃料电池具有最高的电池效率。随电流密度的增加，电池电压不断下降，但电池功率密度逐渐增大，直到出现最大值，该值是燃料电池的理论最大功率密度，是评价燃料电池性能的一项基本参数。

但是，最大的功率密度下，电池的效率往往是过低的。使用电池的最大功率密度，电池的电压就会很低，如果对效率要求较高，就需要选择额定电压更高的燃料电池[5]。反之，过高效率意味着过低的功率表现，燃料电池在 0.8 V 以上工作时，效率可以达到 55%以上，而功率密度不足 0.1 W·cm^{-2}。因此，在实际应用当中，燃料电池在 0.7 V 附近的电位下工作的情况比较常见。

通过极化曲线，不仅可以看到燃料电池的功率表现，也可以判断燃料电池的极化损失。电池电压的损耗来自电池中的极化现象，在电化学意义上，极化是指实际电极电位与平衡电极电位之间的差值。造成燃料电池极化的原因，包括电化学极化、欧姆极化和传质极化。另外，器件的结构缺陷也可能造成电压损耗，如电解质膜的气体渗透以及器件结构的气体泄漏等。

极化曲线中包含着不同极化现象留下的痕迹。图 5-9 所示为一个典型的极化曲线，在低电流密度区，电压衰减主要来自于电极的电化学极化，即催化反应的活化损失。这个极化损失是一直存在的，随电流密度的增大逐渐增加。可以看出，在任何电流密度下，电化学极化都是最主要的极化来源，这与催化剂的反应活性有直接关系。

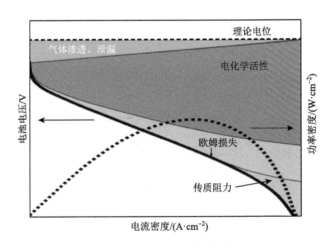

图 5-9　燃料电池的极化曲线

在中高电流密度区，附加的欧姆极化产生，由内阻造成的电压损失逐渐明显。因为电池内部欧姆电压降等于内阻乘以电流，所以欧姆极化与电流密度接近线性关系，欧姆极化越大，电池电压的衰减斜率就越明显。

在极限的高电流密度区，气体传质的不足会带来电压骤降，因为燃料或氧气已无法满足该电流密度下的反应所需，造成传质极化。在氢氧燃料电池电堆中，往往通过增加气体背压的方式，提升活化极化的同时也增强传质能力，将传质极化区推移到更大电流密度。

氢渗透是燃料电池的常见情况，它是指氢气透过电解质膜到达阴极，与阴极的氧气形成混合电位，造成燃料电池开路电位损耗。氢渗透对低电流密度时，100 mA·cm^{-2} 以下的电压影响非常明显。在高电流密度下，随着反应消耗加速，氢的浓度会下降，减少了透过的驱动力，氢渗透影响逐渐减小。对于氢氧燃料电池，开路电位低于 0.9 V 时，应考虑检查氢渗透或者氢泄漏的问题。另外，氧气也会渗透，但氧分子的扩散性与氢分子相比差很多，所以一般主要考虑氢渗透的问题。

2）电阻的测量方法

MEA 中质子交换膜是燃料电池的"内电路"，膜内通过离子方式传输电荷。膜材料在电池中的离子导电性能，可以使用毫欧姆仪测量，或是在固定尺寸的夹具中测试阻抗。

在应用中，电解质膜一般以面电阻作为衡量的参数。这与金属材料的比较略有不同，金属使用电阻率来衡量材料自身的导电特性，使用公式 $R = \rho(L/A)$ 得到具体性状的金属电阻。对于质子交换膜来说，不同型号的膜厚度各有不同，使用电阻率难以直接比较它们的离子导电性。这里使用面电阻作为直接指标，它指的是离子交换膜的电阻与其面积的乘积 R_A。因为 $R_A = \rho L$ 是一个不变的值，代表着一个已经涵盖了电阻率和厚度意义的参数。它的意义在于，对于面积、厚度和材质都不同的膜材料，可以通过一个指标 R_A，直接比较它们在 MEA 中的离子传导性能。对于两片电极之间，膜的 R_A 越小，离子传输的性能就会越好。

内阻是电解质膜的重要指标，降低内阻能够减少欧姆极化，是有效提高燃料电池性能的方法。对于同种电解质膜，膜的厚度越薄（即 L 越小），该膜具有越高的离子电导率，也就是越小的面电阻。但需要注意的是，过于薄的电解质膜，机械强度和氢透都是需要攻克的难点，需要根据具体的工况选择电解质膜。

内阻的检测对于电池性能的失效预测有一定意义，内阻的损失来自于电子阻抗和离子阻抗。所以过大的内阻可能提示有系统装配压力不足、电池催化层电阻率高或者电解质膜脱水等问题。

接触电阻是燃料电池欧姆降的另一主要原因。电解质膜是离子传输的"内电路"，膜以外的关键材料都是"外电路"，通过电子方式传输电荷。双极板、扩散层都选用优良的电子导体，这些材料的体电阻率较低，往往不是电压损耗的主要来源。但是，这些材料之间的接触电阻就不同了，它们界面上的电阻比体相大很多，装配时需要有一定的压力才行，这点不能够忽略。研究认为，电极和极板的接触电阻，会造成超过 50%的总功率损失[6]。

燃料电池中接触电阻的测量，可以通过以下方法：测量 MEA 与碳纸之间，或者双极板与碳纸之间的接触电阻，都可采用两次测量差减计算得到。下面以测量接触电阻 $R_{碳纸-双极板}$ 为例进行介绍（图 5-10）。

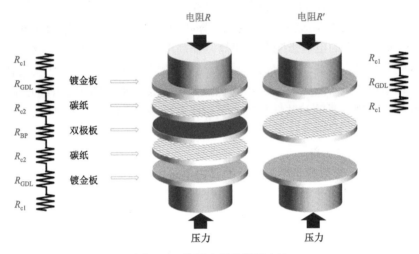

图 5-10　接触电阻的测量方法

图中代表意义分别为：R、R'，测试夹具总电阻；R_{c1}，镀金板和碳纸的接触电阻；R_{c2}，碳纸和双极板的接触电阻；R_{GDL}，碳纸的体电阻；R_{BP}，双极板的体电阻。

R_{GDL} 和 R_{BP} 可通过材料的参数说明或者四探针仪器测量获得，R 和 R' 通过实验测定。

由图示能够看到，

$$R = R_{c1} + R_{GDL} + R_{c2} + R_{BP} + R_{c2} + R_{GDL} + R_{c1} \tag{5.1}$$

$$R' = R_{c1} + R_{GDL} + R_{c1} \tag{5.2}$$

两次差减可得，

$$R - R' = R_{GDL} + R_{c2} + R_{BP} + R_{c2} \tag{5.3}$$

由此得到接触电阻的阻值 R_{c2}。

$$R_{c2} = (R - R' - R_{GDL} - R_{BP})/2 \tag{5.4}$$

5.1.1.4　材料的构成和选择

1）电极催化层的结构

燃料电池的电极，就是贴合于电解质膜表面上的催化剂薄层（图 5-11）。这里是发生电化学反应的位置，理想的催化层结构的设计，在于增大反应区域，减小传质和电阻阻力，提高催化剂的利用效率。

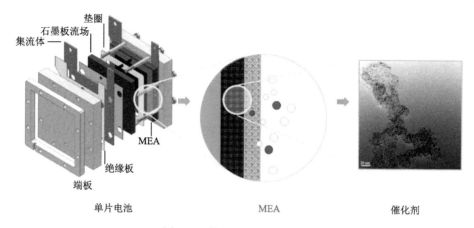

图 5-11　燃料电池中的催化层

在一个理想模型下，气体的电催化反应是在三相界面发生的。这个模型基于 GDE 结构，疏水的催化层与亲水电解质膜接触后，催化层有浸润和未浸润的部分，在它们的交界线上，是气体能够快速到达的地方。因为浸润的地方气体需要溶解后到达催化层，未浸润的地方没有电解液，不会发生电催化反应。发生反应位置是气体-催化剂-电解质的气-固-液界面，理论上是一条三相的交界线，被称为三相界面。

基于这个模型，制造出"微观粗糙"而"表观平整"的接触面可以增大反应区域，获得更大的表观电流密度。显然，为了气体和质子都有效传输，立体而多孔的催化层更加有利，如 3M 公司曾经提出的有序化膜电极。同时，催化层不宜太厚，未浸润的催化位点是无效的，所以铂载量超过一定用量后，利用率会明显下降。

催化层孔结构的设计能够增强物质的传输，提高催化剂利用率。这里涉及的工艺步骤包括：墨水的调制、催化层的涂布、催化层的转印和热压等。墨水中催化剂的颗粒处于部分团聚状态，紧密的部分（<100 nm）被认为是电化学反应的位置，颗粒之间的大孔被认为主要是物质传输的通道。当墨水中的黏结剂使用过多的 PTFE，会形成更多的大孔，增加透气性。当增加 Nafion 的含量时，催化层会更致密，孔隙都会变小。孔隙可以通过对黏结剂、造孔剂、干燥温度等参数进行调节，有目的性地设计。

Nafion 是催化层中黏结剂，也是质子导体，既起到黏结催化剂颗粒成膜的固定作用，又起到为催化剂活性位点传输质子的电解质作用。Nafion 含量需要控制在合适的水平（催化层中固含量占比约为 20%~40%），过高的 Nafion 含量会降低催化层的电子传输能力，甚至导致部分催化剂位点"淹没"，这种影响在高电流密度下更加明显。也有研究将催化层中的 Nafion 含量更加细化，制备含有 Nafion

"浓度梯度"的多层催化层，用梯度化的浸润设计梯度化的孔隙，以提高催化剂的利用效率。

2）质子交换膜的主要参数

在燃料电池中，与电池性能密切相关的膜参数包括如 EW 值、厚度、质子电导率、气体渗透率等。

EW（equivalent weight）值是膜的基本物理参数，即膜的当量，指每摩尔质子交换基团所含有的聚合物干质量。EW 值与质子交换容量呈倒数关系，EW 越大离子传导性能越差，但机械强度越高。Gore 膜采用 EW<1000 的离子聚合物进行机械增强复合，获得了更好的强度和离子电导率。

厚度是膜的基本参数，与面电阻成正比。常用的 Nafion 膜厚度标记如下，以 Nafion N117 为例，第三位数字 7 代表厚度为 7 mill（1 mill = 25.4 μm = 0.001 in），即约为 178 μm。较薄的 Nafion 膜材料由改进的离子聚合物制成，Nafion NR211 和 Nafion NR212 膜，厚度约为 25 μm 和 51 μm。

质子电导率是电解质膜的关键参数，电导率的测量方法是将质子交换膜处于 100℃的水中 1 h，随后放置在 25℃的去离子水中，测定膜的阻抗（实部）数据。磺酸基质子交换膜的电导率是含水量和温度的函数。含水量用 λ 表示，代表一个磺酸基团携带的水分子数，即 $\lambda = N_{H_2O}/N_{SO_3H}$。$\lambda$ 的值在 0～22 之间，可以预估膜的质子传导性能。

气体渗透率是膜截面的气体透过参数，理想情况下电解质膜是不透气的固态膜，但实际情况是氢氧都可以微量透过，由于气体在水中溶解，湿润膜的氢透更加明显。氢气分子比氧气分子小很多，通常的气体渗透指氢气的渗透。燃料电池中氢渗透的测量方法简介如下：以 PEMFC 为例，燃料电池阳极通入加湿氢气，阴极通入加湿氮气。使用恒电位仪进行扫描，以阳极为参比电极和对电极，以阴极为工作电极。扫描电流-电位曲线，扫描区间 0.1～0.8 V，测量达到平台区的稳定电流值。该方法是将阴极的渗透氢气氧化，测量氢气透过情况，一般该值为几 mA·cm^{-2}（表 5-1）。

表 5-1　DOE 2020 膜性能对照表（部分）[7]

指标	单位	2020 目标
最大氢渗透	mA·cm^{-2}	2
面电阻（80℃、水分压 25～45 kPa）	Ω·cm^{-2}	0.02
最大工作温度	℃	120
化学/机械耐久性	循环次数（直到气体渗透大于 15 mA·cm^{-2} 或电压损失超过 20%OCV）	20000

3）常用膜材料的选型

质子交换膜分为均质膜和复合膜。均质膜的典型代表是杜邦公司的 Nafion 膜，其以全氟磺酸（PFSA）为骨架材料。其他如日本旭化成公司的 Aciplex-s 膜、美国陶氏化学的 Dow 膜、加拿大 Ballard 公司的 BAM 型膜等。均质膜的特点是化学稳定性好，但通常厚度大于 100 μm。均质膜主要用于基于 PEM 的氢氧燃料电池、水电解池等领域。

复合膜是质子交换膜的改进版本，是将含磺酸基团的树脂浸入到具有孔结构的基体材料中，提高了膜的机械强度和尺寸稳定性。相比之下，Nafion 膜作为一种均质膜，吸水失水后的尺寸变化，无疑增加了大尺寸电堆的工艺难度。复合膜相关的产品目前以 Gore 公司的质子交换膜为代表，是将全氟磺酸树脂加注到微孔的 PTFE 膜中，由于机械强度增大，膜的厚度大幅降低（$10 \sim 20$ μm），因此也获得较高的电导率（60 S·cm^{-1}）。溶胀性方面，20 μm 厚的 Gore 复合膜失水的收缩率是 175 μm 厚的 Nafion 的 1/4。

直接甲醇/甲酸燃料电池需要选用厚度较大的电解质膜。由于阳极为液体燃料，如直接甲醇燃料电池使用 $0.5 \sim 5$ mol·L^{-1} 的甲醇水溶液为燃料，电解质膜被阳极燃料浸泡，甲醇透过作用较大，在阴极形成混合电位。因此为了降低甲醇渗透作用，都会选择厚膜作为电解质膜，如 Nafion N117 等。

高温质子交换膜燃料电池选用聚苯并咪唑（PBI）膜或者改性膜，浸泡掺杂磷酸后作为高温电解质膜，电池在不增湿的条件下运行。商业化 PBI 膜以丹麦、德国等的技术较为领先。

对于碱性电解质膜、非氟质子交换膜如聚芳基醚、聚酰亚胺、聚醚酰亚胺、苯乙烯及其衍生物等，研究阶段的成果较为丰富，成熟的商业化产品相对少一些。

4）燃料电池测试条件

燃料电池的测试参数包括气体压力、气体流量、增湿、温度控制等，这些参数都需要在测试时进行具体设定。

（1）气体压力和组分：根据能斯特方程，气体压力和浓度的增加，与交换电流密度成正比，电池电压又与交换电流密度的对数成正比。在氢氧燃料电池中，增加气体的压力会提升电池的电压，所以在测试中，使用背压，会得到性能更优的电池极化曲线，理论上增加 1 atm（1 atm = 1.01325×10^5 Pa）时，预期的电池电压增量为 34 mV。同样，使用氧气代替空气作为阴极的氧化剂，也起到提高交换电流密度的效果，从 21%提升到 100%的氧气浓度，预期得到 56 mV 的电压增量[5]。在更大电流密度下，纯氧气的传质极化小，电压的增量的有益效果就会大。

（2）工作温度：工作温度越高，燃料电池的电压会越大，但上限温度是膜决定的。对于 Nafion 膜燃料电池，工作最佳温度区间为 $75 \sim 80$℃，过高的温度即使膜不脱水，也可能造成膜结构损坏。PBI 膜燃料电池的工作温度可以在 140℃ 以上，其中的质子导体是掺杂磷酸。燃料电池电堆的热管理是一项专门的工程，在电池启动时，需要外部加热，升高电池的温度。在电池大功率工作时，需要对电堆进行冷却，到达合适的温度区间内。

（3）气体流量：反应物流量的下限为燃料电池内部消耗的速率，但为保证气体分压不造成传质极化，气体流量数倍于超过法拉第定律计算的消耗量。以氢气为例，二电子转移的反应需要消耗的量为 $N = I/2F$，其中 I 为表观电流，F 为法拉第常数，常温体积以 24 L·mol^{-1} 估算。

氢气用量 $I \times 60 \times 24000/(96500 \times 2) = 7.5 \times I$（单位为 sccm，1 sccm = mL·min^{-1}，电流单位为 A），可以参考的流量如表 5-2 所示。

表 5-2　理论消耗量气体流量对照表

电流 I/mA	氢气流量/sccm	氧气流量/sccm	空气流量/sccm
500	3.8	1.9	9.0
1000	7.5	3.8	18.1
5000	37.5	18.8	89.5
10000	75.0	37.5	178.5

5.1.2　双极板

5.1.2.1　双极板的材料

电堆中的极板通常称为双极板（bipolar plate，BPP）。在电堆内部，是多个 MEA 组成的多电池结构，电流通过每片极板进行传导。为什么称为"双"极板呢？电堆中的多电池是串联的，一个电池与相邻电池之间依靠极板隔开，极板在作为一个电池阴极集流体的同时，也作为相邻电池阳极的集流体，因此被称为双极板。

双极板电堆中连接 MEA 的关键材料，是电子传输的重要组成部分，作为电堆中起到集流、传质和支撑作用的分隔板，对电导率、耐候性、气体渗透性和机械强度都具有特定的要求。参照美国能源部（DOE）2020 年的研究标准，电堆中双极板质量低于 0.4 kg·kW^{-1}，电导率大于 100 S·cm^{-1}，弯曲强度大于 25 MPa[7]。

双极板如果按照材料的不同划分类型，那么目前主要有石墨板、复合板和金属板。

石墨板主要是指由石墨热压而成的双极板，也称碳板。将碳块在 2500℃ 以上的高温条件下热压，使用树脂作为封闭剂，制成无孔的石墨板，再经过精密机械切削完成流道的加工，制作成双极板。石墨板的优势在于优良的耐腐蚀性和较低的接触电阻，其在实验室中被广泛使用，主要是实验用的单片燃料电池。石墨板的成本来自于加工难度，批量使用成本高。而且由于碳板自身的脆性，其加工厚度一般大于 300 μm，这又限制了电堆体积功率密度的提升。在工业领域中，石墨板的应用是较少的，发展主流是复合板和金属板。

　　复合板是指将基板和流场板分别制备再复合的双极板。基板按材料种类分为金属基和碳基，金属基为不锈钢、钛等高强度薄板，碳基以碳和树脂为基板。典型的极板基材如不锈钢（Honda）和柔性石墨（Ballard），足以满足 DOE 对极板的强度要求。复合板的流场使用膨胀石墨、油毡等，通过焙烧、注塑等方式与基板复合。复合板的基板生产过程一次成型，成本不高，更适合大批量的生产制备。

　　金属板是指以金属冲压成型的双极板。金属板的优势在于机械强度好，导电导热优良。需要攻克的难题在于耐腐蚀性差和接触电阻低，如铝、钢、钛等金属材料在燃料电池工况下，会产生腐蚀并溶解，金属离子进入质子交换膜后，导致膜的离子电导率降低，进而影响电池的使用寿命。

　　目前，涂层方式是解决腐蚀和导电的优选方案，所以金属板也分为有涂层和无涂层两类。涂层材料使用耐腐蚀性强的无机材料，如钛、氮化钛、铂和碳等。丰田公司的碳涂层金属板，是采用气相沉积方法，对钛板进行无定型碳的涂布，用于提高燃料电池电堆的功率密度和运行寿命。

　　涂层的有效作用在于增加耐蚀性，降低接触电阻。对于金属板来说，体相的导热导电性能完全满足 DOE 标准，但接触导热和导电不能被忽视。双极板和气体扩散层（GDL）之间的接触电阻，即单面的接触电阻在 $0.01 \sim 0.02 \ \Omega \cdot cm^{-2}$ 左右。接触电阻与面粗糙度密切相关，在双极板上增加碳电涂层，电极表面平整，能有效增加接触面积，从而提升 MEA 的性能（图 5-12）。

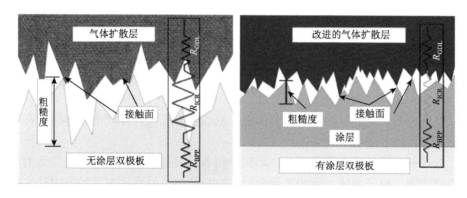

图 5-12　双极板涂层和气体扩散层的接触电阻

5.1.2.2　双极板的流场

在燃料电池中,双极板不仅起到支撑的"骨骼"作用,同时也承担传输燃料和氧化剂的"血管"任务,为了使燃料和氧化剂均匀有效地到达 MEA 电催化反应界面,燃料电池的性能至关重要。

流场的传质包括燃料和氧化剂的传输,生成水的排出。在单片 MEA 中,接触的简单流场模型如图 5-13 所示,浅色区域是提供物质的传输孔道,深色区域是起到支撑和电流传导作用的极板基材。工业上已经发展了更多丰富类型的流场结构,丰田 Mirai 车型中对 2D 和 3D 流场都进行了应用,3D 流场对传质作用的贡献较大,但也会相应增加工艺成本,材料边缘抗腐蚀的难度也会增大。

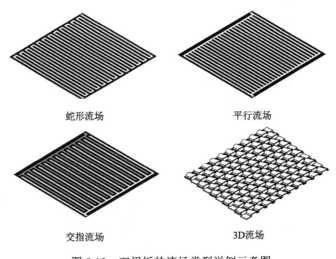

蛇形流场　　　　　　　　　　　平行流场

交指流场　　　　　　　　　　　3D流场

图 5-13　双极板的流场类型举例示意图

5.2　燃料电池系统

5.2.1　电堆集成

电堆主要由端板、绝缘层、集流板、双极板、密封件及膜电极等组件在一定的夹紧力作用下固定组装而成。

双极板作为电堆内重要组件,不仅承担着反应物分布、传输任务,还为电堆提供制冷剂、电子导体、结构单元分隔、电堆结构机械强度支撑等方面的支持。为改善电堆水热管理、体积控制、组装工艺等,通常需要对双极板结构进行针对性设计,这就导致了由膜电极与双极板组成的构成电堆的基本单元结构的多样性。根据组装方式不同,基本单元结构通常可分为双极板结构、单电池结构以及双电池结构。

　　双极板基本结构单元是目前较为常见的电堆结构单元,由两侧均具有流场的双极板与膜电极构成,通过交替堆叠组成电堆。单电池结构单元包含了一个完整的单电池部件,较为典型的是丰田 Mirai 的电堆。作为基本结构单元的单电池由阳极板、膜电极、阴极平板及针对性设计的能够有效促进反应气体向催化层的传输以及加速生成水的排出的阴极 3D 多孔流场组成。类似的还有本田开发的 V-Flow 燃料电池电堆,通过采用优化的波浪形流场设计,替代了原有的每个单电池使用一个冷却层结构,实现了每两个单电池使用一个冷却层的双电池结构。该设计有效地将 V-Flow 电堆体积减小了 33%(图 5-14)。

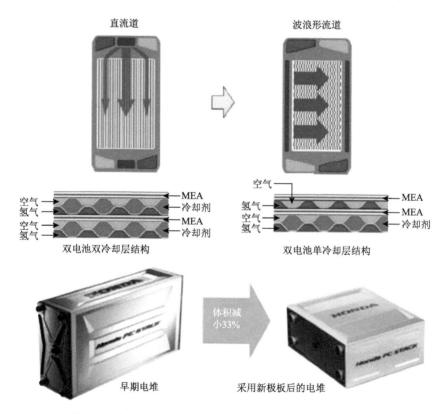

图 5-14　本田电堆改良前(左)后(右)的双极板结构及电堆

　　电堆各组件安置后还需要施加一定的紧固力来固定各组件,并保证各部件接触良好,以达到减小接触电阻,密封良好的效果。目前,螺杆式紧固是最为常见的紧固方式。由安置在端板周边一定数量的螺杆，通过螺杆紧固力将电堆组件集成在一起。端板周边施加的力过大时，可能导致端板弯曲，造成电堆内部组件接触电阻增大，因此，需要提高电堆组装时压力分布的一致性。这就需要选择刚性更高的端板材料，同时结合能够在整个活性区施加均匀力的液压或气动活塞的端板来加以改善。

电堆集成时，首先按次序组装好下端板、绝缘层、集流板；随后在组装辅助定位装置的辅助下将基本结构单元重复叠加成电堆；最后按镜像顺序安置集流板，绝缘层，上端板，并利用组装机施加预设压力将电堆压紧。在保持压力情况下，使用氮气对电堆气密性进行检测。通过检测后，安装好螺杆，撤除压力，完成电堆组装。目前，借助燃料电池自动化组装设备可以快速完成电堆组装。

丰田 Mirai 电堆作为成熟的商品电堆，在电堆集成上具有很强的代表性。Mirai 电堆首先将电堆各组件安置在电堆壳体内，随后在紧固压力作用下，将与电堆紧密接触的前端板压缩至与壳体开口处接触，并利用螺栓将进气端板分别与壳体开口以及电堆进行连接、紧固。最有特色的是，丰田将 Mirai 电堆的前端板设计成为复杂管路高度集成化的进气端板（图 5-15）。其厚 50 mm，由高强度铝注塑而成，并由锚定在铝板表面的树脂材料（尼龙、玻璃纤维）覆盖全部反应气及冷却剂流通部分。通过上述设计，该前端板具有足够的强度承受电堆的法向载荷，以保护大加速度载荷下的电堆运动。并可以与集流板和密封圈形成密封总成以密封高压反应气和冷却剂。高度集成的空气、冷却剂、氢循环泵、氢喷射器以及水气分离器的出入口也极大地节省了空间，方便电堆外部管路连接。

图 5-15　丰田 Mirai 电堆采用的双极板及高度集成的前端板

5.2.2　辅助子系统

5.2.2.1　热管理系统

发生在膜电极中的能量转换过程伴随着热量的持续释放，这些生成热仅有很小一部分可以通过膜电极内部水的汽化过程、阴阳极未反应气体的排出以及电池与外界的热交换将其消耗或排出，而剩余的大量生成热将导致电堆温度持续升高。为保证电堆在理想温度范围内持续平稳工作，就需要采取适当的冷却策略对电池散热。

根据冷却介质不同，常用冷却方法可分为边冷却（edge cooling）、风冷（air cooling）、液冷（liquid cooling）和相变冷却（phase change cooling）。根据冷却介质动力来源方式不同又分为主动冷却与被动冷却。被动冷却通常通过在电堆中增加相关组件，或对极板进行针对性设计来实现，具有对辅助设备需求低、结构简单等优点，但是控温的灵活性、精确程度稍差。主动冷却则通过外接管路、泵换热器等辅助设备实现精确调控。电堆尺寸、功率等对电堆热生成量及散热过程具有直接影响，因此适合的冷却方案需要根据实际情况进行合理匹配。

边冷却通常选用高热导率材料，通过构造散热片、散热棒等大比表面积结构来进行快速热交换，属于被动冷却技术，常用于功率较低（<2 kW）的电堆散热。散热片主要以低密度石墨基材料（热导率为 $600 \sim 1000$ W·mK^{-1}）为主。散热棒则可以通过材料的选择和结构的设计，在 $2100 \sim 50000$ W·mK^{-1} 内调节其导热率。具有较高的散热能力。

相变冷却的传热介质为电池工作温度区间内具有相变能力的冷却剂。该技术也属于被动冷却技术。根据相变温度区间不同可分为蒸发冷却（evaporative cooling）以及沸腾冷却（boiling cooling）。通常，水由于沸点高于电池工作温度，常用来作为蒸发冷却的冷却剂。蒸发冷却可分为封闭式及开放式两种方式。封闭式设计中，冷却剂（水）封闭在真空腔均热板中，冷却剂通过相变吸收电池活性区域产生的热，并将热带到腔体内部上方的冷凝区，在外部空气冷却下，放出热并凝结后流回，形成冷却循环。而在开放式设计中，蒸发的水蒸气可以通过管路连接到反应气进口部对气体进行加湿。该方法在冷却电堆的同时可以实现对质子交换膜的增湿，从而去除外增湿设备及电堆内的冷却隔板，有效简化电堆结构，但是需要持续补充冷却剂，来保证蒸发过程的进行。沸腾冷却的冷却剂沸点通常低于电池工作温度，且组分可调节，因而具有更高的冷却能力。相变冷却结构均热板在电堆中的组装及热传输如图 5-16 所示。

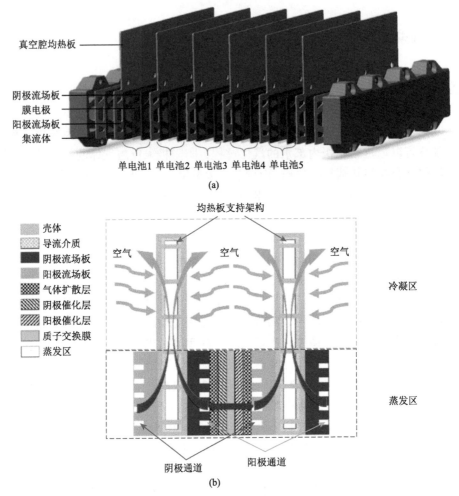

图 5-16　相变冷却结构均热板在电堆中的组装（a）及热传输（b）示意图[8]

　　风冷是指通过风扇或鼓风机驱动的冷却气流，经过具有冷却流场的冷却板或双极板来实现电堆散热（图 5-17）。其结构相对简单，可用于 0.1～5 kW 便携式、可移动电堆。部分商业电堆，如 Ballard 的 FCgen®-1020ACS、Horizon 的 H 系列开放式阴极电堆均采用风冷散热系统。

　　液冷的冷却剂组成更灵活，比热容更大，热传导能力更高。由于冷却液流场通常设计在阴、阳极极板通过焊接或粘连形成的双极板的空腔内，为防止冷却液泄漏导致漏电现象发生，通常在液冷循环中增加水的纯化设备以去除水中离子来降低冷却液的导电能力。此外，液冷循环系统还需要包括水泵、管路、热交换器件等辅助设备。这种相对复杂的结构需要更大的工作空间，因此，主要用于移动式或固定式的大功率电堆散热。

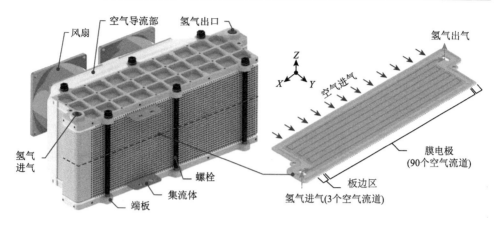

图 5-17　空气冷却示意图[9]

5.2.2.2　水管理系统

膜电极需要适合的水量来维持理想的工作环境。含水量过低时，质子交换膜的质子传导能力下降，长时间处于低水含量状态下，会导致膜电极局部过热，造成针孔效应发生，产生质子交换膜破损。含水量过高则会引发催化层"水淹"，从而增大反应物传输阻力，导致过氧化物产物增加，加快质子交换膜化学腐蚀过程。二者均会导致电堆性能下降，寿命减少。因此，调节质子交换膜含水量在一合理范围内对维持电堆连续平稳运行至关重要。阴、阳极气体流通以及阳极向阴极的电拖曳作用等都会导致膜电极整体或局部的大量水分损失，因此需要额外对反应气体进行增湿，以满足质子膜对适合的水含量的需求。增湿方法根据水的来源可分为自增湿及外加湿两种。

自增湿通过在阳极催化层中引入具有较强亲水能力的添加物诱导阴极生成水向阳极的反扩散，结合阴阳极供气循环系统对排除水的回收利用，从而实现无需借助外部增湿设备，仅利用电极反应的生成水对质子膜增湿。自增湿能够维持电堆在一定时间内连续稳定运行，且结构相对简单，适用于小功率便携式、可移动式电堆。

外加湿方法主要包括喷雾法、鼓泡法、焓轮法、膜加湿法、中空纤维管加湿法等。

喷雾法是指液态水通过喷嘴雾化后对空气进行加湿的方法。鼓泡法是指空气在水中通过形成具有较大面积的气泡来实现对气体增湿的方法，由于流速过高会导致加湿不完全。二者均不适合目前电堆的加湿需求。

焓轮法、中空纤维管加湿法以及膜加湿法均为气/气间的水、热交换方法。有利于高效实现电堆内部水、热的回收、循环。焓轮法通过旋转的陶瓷轮作为介质，在排出气与进气之间进行水、热传递，从而实现对进口端气体加湿。虽然该方法可以减轻额外质量，但是其相对复杂，不利于广泛应用。

中空纤维管加湿法以及膜加湿法是目前应用较为广泛的两种加湿方法。当排出气与进气在膜两侧通过时，在浓度差的驱动下，湿润的排出气中的水分别通过中空纤维管上的多孔结构或质子交换膜的吸水作用与干燥的进气进行水、热交换、回收。膜加湿器依据进气和排气的流动方向可以设计成水平式和垂直式。水平式的加湿器要求进气和排气从同一个方向流入，而垂直式的则要求从相反方向流入。膜加湿器可以通过调节气体流量、膜的大小和厚度来改变加湿量的大小，实现将特定工况的反应气体送入电堆，满足燃料电池发动机的正常运行的需求。

5.2.2.3 供氢系统

供氢系统是由包括储氢罐、引射器及/或氢气循环泵、流量计、电磁阀、加湿器等在内的设备构成的循环回路。常见的有三种方式，即流通模式、死端模式以及循环模式。

流通模式中，氢气连续通过电堆阳极后即排放到大气。这种方法明显会导致大量未反应的氢气浪费，同时造成工作环境附近氢气富集，存在潜在危险。死端模式将阳极氢气出口封死，并加设清洗电磁阀。该模式下，氢气可以完全反应，避免氢气浪费的同时消除了潜在的危险性，但是用于增湿的液态水将不断累积在阳极，易造成阳极"水淹"而导致性能下降；此外，阴极空气中的氮气通过渗透也将累积在阳极，引起电堆性能下降。因此，需要通过吹扫将阳极累积的液态水及氮气排出，不利于电堆的长期稳定工作。循环模式中，在电堆排气口和进气口之间构建回路，阳极出口端未完全反应的氢气经过水分离器将多余水处理后，通过氢循环泵增压重新输送回阳极。虽然氢气循环泵的引入会导致部分额外能量损耗，但是该模式下氢气利用率和水管理能力大大提升，用氢安全问题也得到明显改善。

氢气循环泵是循环模式中的核心部件，其本质上是一台低压压缩机。但是由于氢气的特殊性，氢气循环泵开发主要面临涉氢安全（密封、抗氢脆材料等）、可靠性（降噪、减振等）和低温启动性等问题。丰田第一代氢循环泵采用了涡旋式压缩方式，并使用铁氧体材料来避免氢脆现象，同时在电机中整合了氮气吹扫单元，以防止氢气燃爆。随后丰田开发了罗茨式第二代氢循环泵，针对乘用轿车空间小，改善驾驶性能的需求，主要针对低温启动、低压缩比下高效运行、体积小、质量轻等问题进行了进一步优化。

5.2.2.4　供氧系统

除特定情况（潜艇、太空使用纯氧），阴极直接利用空气作为反应气。当电堆功率较小时，可采用开放式阴极结构，通过风扇将空气吹入阴极实现供氧。对于大功率电堆，供氧系统相对复杂，通常由空气压缩机、背压阀以及系统管路构成。此外，有些设计中也将加湿器及冷却单元集成在空气供给系统中。空气压缩机是供氧系统的重要组成，对系统效率、成本以及功率密度具有重要影响。当负载突然升高时，可能会出现供气量无法满足氧消耗量，短时间出现电极"饥饿"现象，导致质子交换膜损坏，电堆性能下降。因此，对电堆供氧进行动态监控来满足各工况条件下对氧的需求是十分必要的。另外，虽然空压机能够提高进气量及进气压力来提高电堆性能表达，但是考虑到空压机能量消耗较大，需要制定合理的控制策略来满足电堆对氧的需求，以及平衡电堆性能提升与空压机的寄生功率的损耗，以提升净输出功率。

5.3　燃料电池的设计与性能表达

5.3.1　燃料电池的设计

为了缩小与传统内燃机之间的差距，实现燃料电池的商业化，需要对整个燃料电池电堆的比功率、耐久性、几何尺寸、材料成本、安全性等方面进行统筹兼顾[10]。在电堆的实际运行过程中，各部件必须相互匹配、协调，共同保证各功能层的传质、催化、传导等能力，共同影响电堆的性能和耐久性[11]。由于"木桶效应"，燃料电池堆的任何部件（如双极板、MEA 和密封部件）的耐久性都会影响电池堆的耐久性。

离子交换膜是燃料电池的核心技术之一。燃料电池中的离子交换膜需要具有良好的质子导电、低气体渗透速率、较小的溶胀率以及优异的化学稳定性和热稳定性等特性[12]。目前酸性条件下使用广泛的是美国杜邦公司生产的 Nafion 膜，国内也有山东东岳集团、苏州科润新材料等公司在研发这种质子交换膜[13]。而阴离子交换膜的相关研究也正在进行中。例如，重庆大学科研团队制备了一系列基于聚乙烯醇的水凝胶作为 AEM 的阴离子交换膜[14]。由于其吸水率高达 726 wt%[吸水率 = (吸水后质量–吸水前的质量)/吸水前的质量]，在 80℃下氢氧化物电导率达到了 150 mS·cm^{-1}，基于此制备的单 AEM 燃料电池的峰值功率密度可达 715 mW·cm^{-2}。

　　材料成本是燃料电池商业化面临的关键问题。根据美国能源部的统计数据，占据燃料电池系统成本比例最大的部分是电堆成本，而在电堆的各个部件中，催化层关键催化材料成本占据了整个电堆成本的 45%[15]。对于催化层来说，除了成本的考虑外，催化层的构筑还要考虑两个方面：一是尽可能使催化材料活性更高，二是尽可能更多地创建三相反应界面。

　　除了催化层，微孔层的结构对于燃料电池也是至关重要的。微孔层的微观结构可以通过影响燃料的输运和 CO_2 的移除过程影响燃料电池的传质。通过优化多孔层中聚四氟乙烯的含量可以平衡流场中的亲疏水性和孔结构[16]。从模拟和实验的结果来看，狭窄的流动路径阻碍了多孔层中燃料的输送，增加 PTFE 的含量可以增强 CO_2 的去除能力，从而减轻催化层中 CO_2 的堵塞。当 PTFE 含量调整为 15 wt%时，可以实现燃料输送和 CO_2 去除之间的平衡，从而获得最佳的电池性能。

　　气体扩散层在传质方面也扮演着重要的角色[17]。通过调节装配压力，可以控制气体扩散层的结构。电化学测试表明，增加装配压力会导致传质阻力增加。聚焦于流体通道中的两相流和气体扩散层，建立稳态方程，可以分析模拟其中的流体动力学。结果表明，低的装配压力会造成气体扩散层不均匀压缩。由于这种压缩效应，表面粗糙度增加，孔隙率降低，加剧了燃料电池中的 CO_2 堵塞。研究表明[16]，在装配压力为 1.00 MPa 和 2.00 MPa 时，直接甲醇燃料电池的峰值功率密度可以从 $60.61 \sim 49.94$ mW·cm^{-2} 增加至 $74.79 \sim 70.47$ mW·cm^{-2}。在最佳装配压力下，膜电极组件和双极板之间可以达到良好的接触，气体扩散层的变形达到最小。

　　催化剂的 CO 毒化问题也是 PEMFC 技术的难题之一[18]。解决这一问题通常有三种方案：一是研究抗 CO 毒化的催化剂；二是对 H_2/CO 进行预氧化；三是 H_2/CO 进行在线纯化。Li 课题组[19]最近报道了一种原子级分散的 Rh 基催化剂，使得 CO 不仅不毒化燃料电池，反而成为了 PEMFC 的燃料。纯 CO 驱动的 PEMFC 功率密度高达 236 mW·cm^{-2}，利用这一特性，H_2/CO 混合气经过单电池运行后，CO 浓度成功降低 1 个数量级，实现了 PEMFC 技术在线纯化氢气中的少量 CO 杂质（图 5-18）。该技术开辟了水煤气转化和 CO 预氧化之外的第三条技术路线，加速了 CO 电氧化和 CO/H_2 混合氢气纯化的非 Pt 基催化剂的研究进程。

　　除了以上所讨论的，燃料电池电堆各个组件的尺寸大小、密封方式、材料特性以及辅助系统（如燃料供应系统、氧化剂供应子系统、水热管理子系统及电管理与控制子系统）之间的协调设计也是所必须考虑的方面。燃料电池的复杂性给实际运行的可靠性带来了挑战。

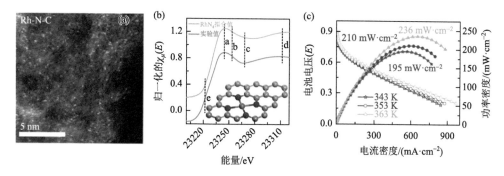

图 5-18　（a）Rh-N-C 催化剂的球差电镜图片；（b）Rh-N-C 催化剂中 Rh K-edge XANES 谱图，a～d 表示 Rh-N-C 催化剂中 Rh K-edge XANES 谱线中的各个峰位；（c）Rh-N-C 在 CO 驱动的 PEMFC 的性能

5.3.2　燃料电池的性能表达

根据美国能源部 2020 燃料电池技术规范，在规定的环境和耐久性测试条件下，燃料电池堆在额定功率点的功率密度应大于 1000 mW·cm^{-2}，并且在运行 4000 h 后，衰减应小于 10%。随着研究者对 ORR、HOR、MOR、FOR 催化剂的研究，三电极条件下的催化剂性能已经可以达到商业化的要求，然而其在电堆中的性能表达不一。大多催化剂由于不合适的电池组装及系统集成并不能表现出优异的性能。

催化剂颗粒的涂布方式影响了催化剂的性能表达。催化层是由分散于溶剂（如乙醇、异丙醇、水等）中的催化剂和 Nafion 经过涂布和干燥形成的无序分布的多孔结构。燃料电池在运行过程中，反应气体的扩散、HOR 和 ORR、氢质子和电子的产生和传输、水的产生和转移等过程同时发生，这些过程与催化层重新分布的异质孔结构密切相关［图 5-19（a）］[20-22]。催化层的厚度通常在 10～20 μm。一般碳载体颗粒的直径为 30～50 nm，Pt 颗粒的直径为 2～5 nm[21]。大多情况下碳颗粒在 Nafion 的键合下会形成碳聚集体，许多 Pt 颗粒分布在其表面。由单个碳粒子负载多个铂纳米粒子形成的聚集体称为初级粒子，而由碳聚集体和许多铂粒子形成的聚集体称为次级粒子（或二级聚集体）。二次粒子的直径在 100～300 nm，内部有很多直径在 1～20 nm 的孔隙，这对于离聚物来说通常是无法进入的，称为一次孔隙。次级粒子之间的间隙通常远大于 20 nm，称为大孔。图 5-19（b）、（c）、（d）分别说明了三相边界的组成、三相边界的实际微观结构以及在制备催化层期间 Pt 纳米颗粒在载体上的二次分布。这些分布方式的差异或许是催化剂性能表达的关键[23]。

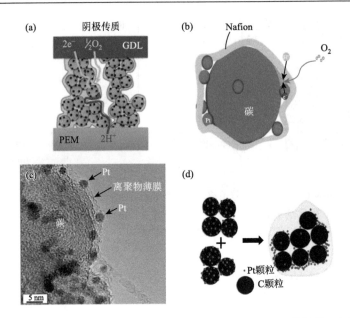

图 5-19 （a）MEA 阴极侧结构及电子和质子传输路径；（b）PEMFC 阴极的三相边界；（c）Pt
粒子/离聚物/碳载体的显微结构；（d）催化层制备过程中 Pt 纳米颗粒在载体上的二次分布

催化层与离子交换膜和微孔层相连，因此这里存在两个界面：一是 PEM/CL 界面，二是 MPL/CL 界面。界面的性质与制备工艺和工作条件密切相关[24]。通常，PEM 与 CL 的接触程度由于影响质子转移电阻而影响 MEA 的电化学性能。大多数现有的 CL 制造工艺使用 Nafion 作为黏合剂来降低质子传输阻力并提高电池性能。与传统的气体扩散电极（GDE）工艺或转移印刷方法相比，催化剂涂层膜（CCM）工艺制备的电极中的部分催化剂浆料会渗透到 PEM 中，从而降低了质子转移阻力和水转移阻力。与 GDE 工艺相比，CCM 工艺最明显的变化是改善了 PEM 和 CL 的界面特性，提高了 Pt 的有效利用率，最终提高了 MEA 的功率密度。另外，CL/MPL 界面的接触度、亲水性和孔结构是 MEA 的重要设计参数。该界面主要影响 MEA 内的电子转移电阻、反应气体的分布和放电的产物水。在 MPL 中，只有相互连接并延伸到 CL 表面的孔才能有效地传输反应气体。在电极性能方面，CL/MPL 界面特征与欧姆损失和传质损失密切相关。Schneider 等的研究表明 MPL 可以显著增加 CL 和 GDL 之间的接触并降低界面的接触电阻。Kannan 等采用自制的 MPL，以梯度分布涂布 PTFE 和碳粉浆料。在最外层涂布薄亲水层后，他们发现，采用该工艺制备的 MEA 具有良好的保水性，尤其是在高温低湿的试验条件下。Chen 等在原来的 MPL 的基础上又增加了一个由碳粉和 PTFE 组成的 MPL。与原 MPL 相比，新型 MPL 的孔隙率和孔径是不同的，孔隙结构呈现梯度分布，优化了 MEA 的水管理。除了初始条件外，MEA 的操作环境也会影响界面的性质。图 5-20 显示了 MEA

在循环 30000 圈前后的扫描电镜图像[25]。这表明复杂的界面会随着工作条件的变化而变化，导致 MEA 结构发生变化，致使 MEA 性能不可逆地恶化。

图 5-20　循环 30000 圈前（第一排）后（第二排）MEA 横截面的 SEM 图像

　　除了上述所讨论之外，催化层的裂纹、流场分布、颗粒的脱落和聚集等都会造成催化剂性能下降，因此要想获得一个性能优异的 MEA，其工艺条件就显得至关重要[15]。然而 MEA 的构筑流程是烦琐的，不可能将所制得的催化剂均在 MEA 中进行测试来进行催化剂的筛选，这是非常费时费力的，并且会造成严重的标准贵金属催化剂浪费。因此需要将三电极和 MEA 的性能联系起来。Xing 等[26]设计了一种可以精确测量以 Nafion 为电解质的 ORR 电催化剂性能的原位微 MEA 技术[图 5-21（a）]。与传统的 TFRDE 方法相比，微 MEA 技术可以不受 O_2 在水中的溶解度的限制，轻松获取在低电位值下的催化行为。同时，它成功地模拟了常规 MEA 的结构并获得了与常规 MEA 相似的结果，从而提供了一种新的技术来简单地测量电极活性，而不受常规 MEA 的复杂制造的困扰。他们通过 TFRDE 和微 MEA 对 Fe-NC 作为典型的氧还原反应（ORR）催化剂进行了性能评估。研究发现，活性位点密度、O_2 的传质和质子转移电导率强烈影响微 MEA 中的催化剂活性，从而导致比 Pt/C 更低的极限电流密度（是 Pt/C 的 1/8.7）。他们的研究结果表明，微 MEA 技术是一种良好的设计，可以原位评估 ORR 性能。此外，Wilkinson 等[27]设计了一种改进的旋转圆盘电极（modified rotating disk electrode，MRDE），可以经济且加速筛选重要的电解池组件，无需进行全电池测试[图 5-21（b）]。笔者认为这一技术也可以用在燃料电池中，进行重要的燃料电池组件的快速筛选。

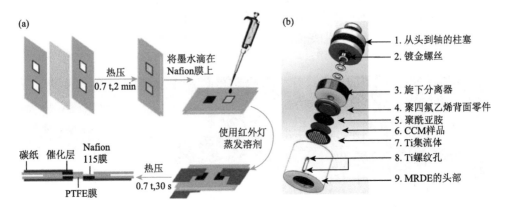

图 5-21　（a）微 MEA 的制备；（b）MRDE 组件

参 考 文 献

[1]　Sgroi M F，Zedde F，Barbera O，et al. Cost analysis of direct methanol fuel cell stacks for mass production[J]. Energies，2016，9（12）：1008.

[2]　Yoshitaka E. 塗膜の形成方法：JP6048428（B2）[P]. 2015. JP2015166060（A）.

[3]　Jung C Y，Kim W J，Yi S C. Optimization of catalyst ink composition for the preparation of a membrane electrode assembly in a proton exchange membrane fuel cell using the decal transfer[J]. International Journal of Hydrogen Energy，2012，37（23）：18446-18454.

[4]　Du S J，Li W K，Wu H，et al. Effects of ionomer and dispersion methods on rheological behavior of proton exchange membrane fuel cell catalyst layer ink[J]. International Journal of Hydrogen Energy，2020，45（53）：29430-29441.

[5]　Barbir F. PEM 燃料电池：理论与实践（原书第 2 版）[M]. 李东红，连晓峰，等译. 北京：机械工业出版社，2016.

[6]　Bhosale A C，Rengaswamy R. Interfacial contact resistance in polymer electrolyte membrane fuel cells：Recent developments and challenges[J]. Renewable & Sustainable Energy Reviews，2019，115：109351.

[7]　Fan M H，Liang X，Chen H，et al. Low-iridium electrocatalysts for acidic oxygen evolution[J]. Dalton Transactions，2020，49（44）：15568-15573.

[8]　Huang Z，Jian Q F，Luo L Z，et al. Rapid thermal response and sensitivity analysis of proton exchange membrane fuel cell stack with ultra-thin vapor chambers[J]. Applied Thermal Engineering，2021，199：117526.

[9]　Yin C，Gao Y，Li K，et al. Design and numerical analysis of air-cooled proton exchange membrane fuel cell stack for performance optimization[J]. Energy Conversion and Management，2021，245：114604.

[10]　Zhang Q，Harms C，Mitzel J，et al. The challenges in reliable determination of degradation rates and lifetime in polymer electrolyte membrane fuel cells[J]. Current Opinion in Electrochemistry，2022，31：100863.

[11]　Soleymani A P，Parent L R，Jankovic J. Challenges and opportunities in understanding proton exchange membrane fuel cell materials degradation using in-situ electrochemical liquid cell transmission electron microscopy[J]. Advanced Functional Materials，2022，32（5）：2105188.

[12]　Chen J Y，Cao J M，Zhang R J，et al. Modifications on promoting the proton conductivity of polybenzimidazole-

based polymer electrolyte membranes in fuel cells[J]. Membranes，2021，11（11）：826.

[13] Cigolotti V，Genovese M，Fragiacomo P. Comprehensive review on fuel cell technology for stationary applications as sustainable and efficient poly-generation energy systems[J]. Energies，2021，14（16）：4963.

[14] Yuan C L，Li P，Zeng L P，et al. Poly（vinyl alcohol）-based hydrogel anion exchange membranes for alkaline fuel cell[J]. Macromolecules，2021，54（17）：7900-7909.

[15] Xie M，Chu T K，Wang T T，et al. Preparation，performance and challenges of catalyst layer for proton exchange membrane fuel cell[J]. Membranes，2021，11（11）：879.

[16] Deng G R，Liang L，Li C Y，et al. Mass transport in anode gas diffusion layer of direct methanol fuel cell derived from compression effect[J]. Journal of Power Sources，2019，427：120-128.

[17] Jiao K，Xuan J，Du Q，et al. Designing the next generation of proton-exchange membrane fuel cells[J]. Nature，2021，595（7867）：361-369.

[18] Molochas C，Tsiakaras P. Carbon monoxide tolerant Pt-based electrocatalysts for H_2-PEMFC applications：current progress and challenges[J]. Catalysts，2021，11（9）：1127.

[19] Li Y，Wang X，Mei B B，et al. Carbon monoxide powered fuel cell towards H_2-onboard purification[J]. Science Bulletin，2021，66（13）：1305-1311.

[20] Gorlin M，Chernev P，Ferreira D A J，et al. Oxygen evolution reaction dynamics，faradaic charge efficiency，and the active metal redox states of Ni-Fe oxide water splitting electrocatalysts[J]. Journal of the American Chemical Society，2016，138（17）：5603-5614.

[21] Chen J，Chan K Y. Size-dependent mobility of platinum cluster on a graphite surface[J]. Molecular Simulation，2005，31（6-7）：527-533.

[22] Hao X，Spieker W A，Regalbuto J R. A further simplification of the revised physical adsorption（RPA）model[J]. Journal of Colloid and Interface Science，2003，267（2）：259-264.

[23] Liu H，Epting W K，Litster S. Gas transport resistance in polymer electrolyte thin films on oxygen reduction reaction catalysts[J]. Langmuir，2015，31（36）：9853-9858.

[24] Constantin L A，Perdew J P，Pitarke J M. Exchange-correlation hole of a generalized gradient approximation for solids and surfaces[J]. Physical Review B，2009，79（7）：075126.

[25] Sharma R，Andersen S M. An opinion on catalyst degradation mechanisms during catalyst support focused accelerated stress test（AST）for proton exchange membrane fuel cells（PEMFCs）[J]. Applied Catalysis B：Environmental，2018，239：636-643.

[26] Long Z，Li Y K，Deng G R，et al. Micro-membrane electrode assembly design to precisely measure the *in situ* activity of oxygen reduction reaction electrocatalysts for PEMFC[J]. Analytical Chemistry，2017，89（12）：6309-6313.

[27] Kroschel M，Bonakdarpour A，Kwan J T H，et al. Analysis of oxygen evolving catalyst coated membranes with different current collectors using a new modified rotating disk electrode technique[J]. Electrochimica Acta，2019，317：722-736.

第6章 离子交换膜燃料电池的未来展望

6.1 坚持电极反应的基础研究

6.1.1 阳极反应

对于燃料电池阳极过程，目前面临的最为紧迫的问题是氢燃料中微量 CO 对电池造成的强毒化作用。离子交换膜燃料电池阳极普遍采用 Pt 基催化剂，而由于 Pt 与 CO 之间的吸附强度远远大于 Pt 与 H_2 之间的吸附强度，当氢燃料中含有极微量的 CO 时（10 ppm），CO 会迅速占据 Pt 金属颗粒表面的活性位点，阻碍 H_2 的氧化过程，从而导致严重的极化现象，使整体的电池性能被严重抑制。而我国氢气来源中有 62%来源于煤制氢、19%来源于天然气制氢，这两种工业重整制氢方式生产出来的氢气中含有 1%～3%的 CO 副产物，这些粗氢虽然价格低廉（0.8～1.4 元/Nm^3，Nm^3 表示标准立方米），但是无法被直接利用。

目前的燃料电池均以不含 CO 的高纯氢气作为燃料，而高纯氢气的来源主要有两个：第一个来源是电解水制氢，虽然用这种方法制得的氢气纯净，但目前产业规模较小，截至 2020 年我国仅有 1%的氢气是通过电解水的方式生产的，且能耗高、价格昂贵（3.7～4 元/Nm^3）。第二个来源是对碳氢化合物工业重整后产生的粗氢进行纯化处理（如水煤气转换、CO 优先氧化、SPA 变压吸附等多个复杂处理过程）。虽然纯化后的氢气中 CO 的含量可被压低到 1 ppm，但是整个纯化过程的工艺条件十分严格，伴随着大量的经济投入、能量损失和碳的排放，最终的氢气价格与电解水产氢相当。

离子交换膜燃料电池要真正成为我国能源结构中的重要组成部分，则必须符合经济性原则。高纯氢气的价格问题无疑大大提升了燃料电池的运行成本，进而阻碍了其商业化进程。针对这个问题，科研人员已经进行了广泛的研究，这些大多基于两种机理：电子效应和双功能效应。前者主要通过调节 Pt 的电子结构以减弱 CO 吸附，后者主要通过引入亲氧金属，促进吸附态含氧物种 OH_{ad} 的形成，进而与 CO 结合产生 CO_2。然而，即便是目前性能最好的抗 CO 催化剂 PtRu/C 催化剂，在较高的 CO 环境下依然会发生严重的性能衰减。这意味着抗 CO 毒化的机制需要更深入地理解，从而找到更有效的解决途径。近十年来，单原子催化剂的兴起为阳极 CO 毒化问题的解决提供了新的思路。

2011 年，中国科学院大连化学物理研究所张涛院士团队通过实验证明了 FeO_x 表面的 Pt 单原子位点可以有效氧化 CO，且揭示了当 Pt 金属颗粒的尺寸下降到单原子尺度时，其对 CO 吸附强度会大大降低，有利于 CO 的氧化。此外，也有科研人员发现了 M-N-C 型单原子催化剂对于 CO 电氧化过程的高活性，可以在极低的过电位下开始氧化 CO。实际上，单原子催化剂还停留在实验室阶段，在其走向实际应用的路上依然存在许多阻碍和挑战。首先，单原子催化剂中活性位点的密度普遍较低，金属负载量难以提升，容易出现颗粒团聚；其次，单原子催化剂并不容易实现批量制备。但是瑕不掩瑜，不同于传统的 Pt 系合金催化剂，单原子位点不仅具有更低的 CO 吸附强度，更具备高效水解离的特点，这两个因素是 CO 电氧化过程中最为关键的两个步骤，这些优势是常规的金属纳米颗粒无法实现的，相信对于未来离子交换膜燃料电池阳极毒化问题的解决，单原子催化剂将会提供巨大助力。

6.1.2　阴极反应

燃料电池阴极所发生的氧还原反应是燃料电池能量转换的关键，由于其缓慢的动力学，是各类燃料电池反应的制约因素，因此对其的研究是基础研究的重中之重。燃料电池已发展了数十年，但是在一些基础性的问题上，仍存在很多争议。这些争议给指导催化剂的合成和燃料电池膜电极制备带来了一些根本上的偏差，因此必须坚持对阴极反应的基础研究。

贵金属催化方面，通过调控粒子尺寸、晶体形貌、暴露高指数晶面等可以优化 Pt 基催化剂上的氧还原电极反应；引入过渡金属（如 Fe，Co，Ni，Cu）与 Pt 形成合金不仅可以减少 Pt 的用量，而且能够通过产生应变效应提高 Pt 位点的本征活性。高度有序的合金或金属间化合物可以调节局部 Pt 原子结构，由于增强的 Pt-M 键，Pt-M 相互作用增强，从而获得更高的本征性能。催化剂的稳定性对催化剂的实际应用至关重要。人们提出了各种方案来抑制纳米粒子的解体和团聚，其策略包含核壳结构、金属间化合物、掺杂、形状控制、纳米粒子封装等。

在非贵金属催化剂方面，由于非贵金属较为复杂的组成结构，发生在其上的氧还原反应更加复杂。在基础研究方面，首先仍须聚焦于对活性位点的深入认知。提高单个位点 ORR 电催化本征活性可以从调控中心原子、配位原子、掺杂原子和吸附的小分子四个方面予以考虑。降解是导致催化剂稳定性变差的一个重要因素。可能的催化剂降解机制包括：碳被羟基或过氧化氢自由基氧化、活性位点脱金属等。而在复杂的电池体系中，则是一种或多种降解机制在共同起作用。因此，催化剂失活的机制以及如何提升催化剂稳定性都是值得深入研究的领域。

阴极反应的活性描述符的研究也是极为基础的课题。中间物种在催化剂上的吸附能对反应进程有着重要的影响。调节 ORR 中间物种在催化剂上的吸附能是提升催化剂活性的一种重要且有效的策略，目前被普遍接受的理论被称为 "Sabatier 原则"。

此外，在电池条件下的阴极反应研究更是亟需深入研究的领域。电池条件下的阴极反应与三电极条件的差异巨大，涉及的方面极多，每一方面都对燃料电池表现出来的性能影响极大。理论研究与仿真模拟研究相结合，才能对膜电极和电堆的制备工艺技术提供有效的指导。应重点研究膜电极运行过程中膜电极的降解机制、膜电极结构对电池活性的影响以及通过仿真模拟优化物料传输通道，综合性地整合燃料电池领域的各类问题，以推动阴极反应的高效进行。

6.2　加快核心技术的创新

6.2.1　催化剂的开发

催化剂是离子交换膜燃料电池最核心的组成部分之一，催化剂的性能决定了离子交换膜燃料电池活性和耐久性的下限。目前已经大规模商用的，几乎全都是铂基贵金属催化剂——这几乎占据了膜电极的大部分成本。目前贵金属催化剂的活性已经达到了一个极高的水准，但是这是建立在较高贵金属用量的基础上的。目前的开发仍然要向着低铂催化剂的方向行进，在降低成本的前提下，让催化剂还能保持较高的催化活性。在提升本征活性上，d 带理论、Pt-Pt 键长，配位数引起的催化活性变化趋势的基础研究成果被提出来；研究者也发现了晶面效应、配位效应、应变效应、Pt 与载体之间的相互作用对催化剂活性的影响；此外，调控 Pt 的电子特性来提升氧还原活性也是重要的手段。另外，目前贵金属催化剂发展的瓶颈问题，即耐久性问题，也渐渐被越来越多的开发者重视起来。在耐久性问题上，目前在催化剂载体上进行优化设计，是较为有前景的方向。

寻找贵金属催化的替代品，也是未来推动燃料电池发展的关键。以过渡金属氮掺杂碳材料为代表，越来越多接近商业铂基催化剂活性的材料在实验室中被研发出来。催化剂的制备方案、催化性能、活性位点的认知、构效关系等都已经取得了巨大的进展。然而这些材料都暂时停留在实验室阶段，离实际应用的距离还较远。其中最重要的原因，则是稳定性远远达不到可用的水平。金属催化剂的结构和成分往往较为复杂，其在燃料电池环境下的降解机制研究目前也鲜有报道。目前关于非贵金属催化剂的研究，集中在活性位点的选择、碳载体的优化上，性能也有了突破性的进展。在提升稳定性方面，也出现了一些有代表性的研究方向。其中最引人注目的，就是 CVD 策略对催化剂的处理，在电池测试时显示出了较好的前景，是值得发展的方向。

6.2.2　电池部件的国产化

目前，位于离子交换膜燃料电池产业上游的核心的部件，包括质子交换膜、气体扩散层、双极板等，在国内大部分仍依赖于进口。作为上游核心技术，其无时无刻不限制着国内离子交换膜燃料电池的发展，大大提高了国内燃料电池的研发生产成本。目前国内专业研发核心电池部件的企业较少，实力整体不强；有实力布局燃料电池产业的企业，出于发展盈利的目的，往往倾向于直接采购这些部件，这些对于行业发展颇为不利。国家在大力扶持燃料电池产业的同时也注意到了这一点，我们也欣喜地看到近年来也有央企入局，专注于产业上游各种部件的研发和自给化。相信在不久的将来，随着国家的扶持力度加大，以及更多的人才投入，实现燃料电池核心部件国产化，解决"卡脖子"的关键技术问题，是值得期待的。

6.2.3　膜电极和电堆工艺的优化

膜电极和电堆的制备和组装工艺是燃料电池的关键技术。如何充分将催化剂的性能尽可能地表达出来，依赖于膜电极和电堆工艺的优化。首先是原材料的选型，具体包括催化剂、质子交换膜、全氟磺酸树脂和气体扩散层的选型。这需要大量的基础研究和测试积累。其次是浆料配方的开发工作，针对不同浆料配方进行评估，包括浆料的粒度、黏度等参数。此外，添加剂也是重要的优化手段，浆料是获得优质催化层的关键因素，针对性质不同的催化剂，其最佳浆料配方往往不同，因此也需要漫长的时间和巨大经费投入。最后是 MEA 制备工艺的开发，包括涂布和封装以及 GDL 的贴合等工艺参数。目前 CCM 是商业化膜电极的主流制备技术，有序化膜电极（目前仅有 3M 公司 NSTF 实现了商业化，但是仍有缺陷）才是未来。有序化膜电极发展应有一个重要的过渡期，那就是梯度化膜电极。对离聚物、催化剂、孔隙度等的梯度化分布进行设计，以实现催化剂的更高效应用。在电堆方面，电堆的结构设计、封装方式及服役中的工况条件都会影响电堆组件的受力状况，进而影响电堆性能。这些需要理论研究、仿真模拟和实际实验并举。

6.3　推动离子交换膜燃料电池的商业化

6.3.1　以氢燃料电池汽车产业为引领

近年来，日本和欧美各国均将氢能的地位提升到国家战略层面，并积极探索产业化发展途径，目前普遍思路是将交通领域作为氢能和燃料电池初期应用的主要市场。我国在《"十三五"国家战略性新兴产业发展规划》、《中国制造2025》等国家顶层规划中都明确了氢能与燃料电池产业的战略性地位，并将氢燃料电池汽车产业列为重点支持领域，进而引领燃料电池技术和氢能产业的商业化路程。

为了落实这一战略，首先要解决的是产业链的问题，目前部分关键材料缺少国产化技术和量产能力，因此需要加大技术研发和科研攻关，逐渐突破国外的技术垄断，将我国的氢燃料电池汽车产业链打通，实现产业自主化。例如氢气的储运问题，我国目前没有大规模的氢气运输管线设施，只能依靠高压储氢罐运输，除了制造成本和运输成本高昂之外，还有储氢罐制造技术没有实现自主化的问题。

其次需要完善政策，细化措施。目前我国对于氢燃料电池汽车行业的政策扶持态度明确，但是还需要进一步完善，如对于相关配套设施和配套产业的扶持措施也要细化。氢燃料电池汽车行业作为领头羊，其背后是各个行业的密切配合，关系到燃料电池和氢能产业的全局。因此政策的扶持范围应该有效辐射到与氢燃料电池汽车上下游产业链相关的各个领域，协同推进，共同发展。

此外还需要加快加氢基础设施建设布局。目前全球各国均处于燃料电池汽车推广的初期，车辆保有率较小，再考虑到加氢站的建设成本和运营成本很高，因此市场化的公共加氢站很难实现盈利，致使相关设施建设的积极性低。基础设施的不足反过来又制约了氢燃料电池的普及和应用，这种负面的循环反馈急需打破。解决方案之一是优先发展长续航里程运营型汽车市场，以商用车牵头，在固定的运营路线上有计划地设置加氢站，在不需要过多加氢站的条件下满足运营需求，从而实现常态化运营，让氢燃料电池汽车行业站稳脚跟。

6.3.2　拓展应用领域

碳中和战略是推动氢能发展的主要动力，随着氢能技术突破和规模化应用，氢能全产业链将迎来发展爆发期。氢燃料电池汽车行业的蓬勃发展势必会引领燃料电池技术在众多领域的应用推广。

燃料电池技术在分布式发电领域已经崭露头角，已有多家公司在积极研发家庭使用的燃料电池电力系统，例如日本大力推广的家庭用燃料电池热电联供固定电站，就是将氢气注入燃料电池中发电，同时用发电时产生的热能来供应暖气和热水，整体能源效率可达90%。此外固定式燃料电池还可以作为备用电源应用在通信基站、野外科研装置等设施，也可以为大型数据中心等领域辅助供能。

除了大型的固定式应用，离子交换膜燃料电池也可做成体积小、质量轻的便携式装置。便携式燃料电池适用于军事、通信、计算机等领域，以满足应急供电和高可靠性、高稳定性供电的需要。虽然在小型化方面燃料电池不及锂电池有优势，但是燃料电池红外信号低、隐身性能好、运行可靠、噪声低，在军用领域的应用前景巨大，将是未来国防建设中的重要环节。

6.3.3　完善产业布局

燃料电池产业设计的细分领域十分庞大，需要统筹兼顾，完善产业布局。从上游看，目前氢气的生产和储运均存在问题。传统的煤制氢和天然气制氢产生氢气的过程中会伴随能量损耗和二氧化碳排放，显然不完全符合碳中和的需求。因此需要布局发展光伏产业和风电技术，利用廉价的电力推动水电解产业的发展，避免碳排放的同时降低氢气的成本。对于氢气的储运，则需要促进高压储氢罐和液氢槽车/船相关企业的发展，加快加氢站等基础设施建设，奠定燃料电池产业的上游基础。

对于离子交换膜燃料电池本身而言，目前中国市场迫切需要完成燃料电池电堆等的组件技术、燃料电池系统控制技术以及车辆搭载技术等一系列技术研发工作，需要瞄准氢能燃料电池产业链缺失环节和关键环节，重点攻关。目前我国主要的燃料电池企业都集中于电池系统领域，已经具备了系统自主开发能力和生产能力。但是关键材料、核心部件主要依赖进口，双极板、催化剂、碳纸等均处于起步阶段，空压机、氢气循环泵等设备相关企业较少，尚未形成产业规模，批量生产技术尚未形成，距离国外先进水准还有差距，严重制约了我国燃料电池产业的自主可控发展。上述关键材料核心部件的技术转化亟待加强，相关产业需要尽早布局，全面实现国产化与批量生产，进而带动全产业链的成熟和完善，从而促进我国氢能燃料电池产业的全面均衡发展。